futuribles

Mars-avril 2022 • numéro 447

Ce numéro comporte un encart d'abonnement jeté sous la couverture.

CRÉDIT D'IMPÔT 30 %

ABONNEMENT COMMANDE

Futuribles abonnements • 47, rue de Babylone - 75007 Paris - France
E-mail : diffusion@futuribles.com • Tél. : + 33 (0)1 53 63 37 70
Site Internet : www.futuribles.com/fr/boutique/revue/

Je m'abonne à l'édition imprimée de la revue *Futuribles**

	1 an - 6 numéros	2 ans - 12 numéros
France et autres pays	❑ 115 €	❑ 199 €
Enseignant, étudiant *Sur justificatif*	❑ 58 €	

Je m'abonne à l'édition numérique + archives de la revue *Futuribles**

	1 an - 6 numéros	2 ans - 12 numéros
Abonnement professionnel *1 à 2 500 utilisateurs***	❑ 225 €	❑ 390 €
Abonnement particulier *1 utilisateur*	❑ 115 €	❑ 199 €
Enseignant, étudiant *Sur justificatif*	❑ 58 €	

Je m'abonne à l'édition imprimée + numérique + archives de *Futuribles**

	1 an - 6 numéros	2 ans - 12 numéros
Abonnement professionnel *1 à 2 500 utilisateurs***	❑ 280 €	❑ 485 €
Abonnement particulier *1 utilisateur*	❑ 160 €	❑ 277 €
Enseignant, étudiant *Sur justificatif*	❑ 90 €	

Je commande les numéros suivants de la revue *Futuribles*

❑ n° 444 ❑ n° 445 ❑ n° 446 ❑ autre(s) ______

22 € le numéro, tout pays, port inclus

Voici mes coordonnées

Nom - Prénom ______

______

Société ______

______

N° de TVA ______

Adresse ______

______

Code postal ______

Ville ______

Pays ______

Tél. ______

E-mail (indispensable pour l'édition numérique) ______

______

______

Tarifs pour tout pays jusqu'au 31/12/2022, TVA 2,1% incluse.

Je règle ______ € par

❑ Chèque à l'ordre de Futuribles

❑ Visa ❑ American Express

N° ______

Expire fin |_|_|_|_|

Cryptogramme ______

❑ Virement CIC Paris Bac, France
IBAN : FR76-3006-6100-4100-0105-7380-116
BIC : CMCIFRPP

❑ Sur facture

❑ Je suis un particulier qui souscrit un premier abonnement et souhaite profiter du crédit d'impôt*

Date : Signature

**Crédit d'impôt de 30 % du prix de l'abonnement, réservé aux particuliers souscrivant un premier abonnement et payant leurs impôts en France. Reçu fiscal envoyé à l'abonné par Futuribles.*

***Au-delà, sur devis. Connexion avec une adresse IP au-delà de 10 utilisateurs.*

La transition écologique, un mythe ?

L'éditorial d'Hugues de Jouvenel

Nos sociétés sont éminemment dépendantes des énergies fossiles, à commencer par le pétrole dont le prix a grandement fluctué depuis 50 ans. On se souvient des deux chocs pétroliers des années 1970, le baril du pétrole de Brent faisant un bond à 40 dollars US. Il fluctue ensuite dans les années 1990 pour atteindre un nouveau pic à 140 dollars US en 2008 et reste à un niveau élevé jusqu'en 2015, avant de chuter à nouveau jusqu'en 2020 pour remonter et atteindre début février 2022 les 93 dollars US. Les lecteurs étant plus sensibles au prix des carburants à la pompe, celui-ci en prix courant (bien différent du prix constant, *a fortiori* des prix du brut en raison des taxes) dépasse aujourd'hui en France 1,80 euro le litre (contre 0,20 euro en 1970). Un prix que les Français estiment exorbitant bien que, rapporté au salaire minimum horaire, ce prix ait baissé depuis 1970 et qu'il ne tienne pas compte du coût des pollutions qu'entraîne la consommation de pétrole, notamment de l'impact des émissions de gaz à effet de serre sur le climat et de la nécessité pour l'Union européenne d'atteindre la neutralité carbone d'ici 2050. Y parviendra-t-elle ? Et la France en particulier ?

De nombreux exercices de prospective énergétique menés par l'Agence internationale de l'énergie, l'Association négaWatt, le Réseau de transport d'électricité (RTE), l'Agence française de la transition écologique (ADEME), ont été très soigneusement étudiés par Pierre Papon, ainsi d'ailleurs que le « Plan de transformation de l'économie française » du Shift Project. Son article nous en livre ici une analyse comparative magistrale. Il montre ainsi que, au-delà de l'effort de sobriété qui s'impose (et que nul ne respecte), la transition énergétique, côté demande, exigerait une véritable révolution dans nos modes de vie : dans l'alimentation, et plus encore dans l'habitat (notamment au détriment du rêve de maison individuelle) et les transports, donc dans l'aménagement du territoire. Mais aussi dans nos modes de production, qu'elle soit agricole, sylvicole ou industrielle. En outre, côté production, tous les auteurs s'accordent sur le recours croissant à l'électricité mais diffèrent sur la manière de la produire. Et les perspectives concernant le *mix* énergétique (reposant aujourd'hui à 70 %, dans l'Union européenne, sur les énergies fossiles) sont fort diverses, notamment en France, quant à la part du nucléaire et des énergies renouvelables — sans même évoquer ce qu'elles impliquent comme progrès technique (les batteries, par exemple).

Ayant déjà beaucoup tardé à démarrer, cette transition devient chaque année plus difficile à accomplir : c'est, écrit Pierre Veltz, un « Himalaya à gravir », une « bifurcation systémique » qui doit être profonde, rapide et équitable, donc socialement acceptable. Et l'auteur du livre *L'Économie désirable* [1] nous présente ici un projet de société résolument différent de celle dans laquelle nous vivons, en évitant deux écueils, celui du repli utopiste (la décroissance) et celui de l'*hubris* techniciste (le capitalisme salvateur). Il faut, écrit-il, améliorer l'efficacité de nos processus de production et d'usages, mais savoir que ceci ne suffira pas, en raison des « effets rebonds » (dont témoignent de manière exemplaire le bâtiment et le numérique), de la non-durabilité (obsolescence des biens) et de la « profondeur technologique » (l'informatique embarquée dans l'automobile, par exemple). Les modes de vie devront eux-mêmes radicalement changer (« sobriété, frugalité, tempérance… »), au travers de choix non seulement individuels mais aussi collectifs (logement, urbanisme, mobilité, emploi) qui exigeront des investissements importants. En définitive, Pierre Veltz plaide pour une « économie humano-centrée », fondée non plus sur l'accumulation de biens mais sur l'épanouissement des individus ancrés dans le local pour penser et agir « en grand ». Vaste programme, bien peu abordé jusqu'à maintenant dans la campagne pour les élections présidentielles françaises et qui exigerait un plan stratégique !

En lisant l'article de Marc Giget portant sur les « stratégies d'innovation des entreprises *leaders* », certains lecteurs auront peut-être le sentiment que l'auteur rêve. Non, nous dit-il, il s'appuie sur un important travail d'enquête et d'étude qui révèle que les entreprises réellement performantes se soucient de leur pérennité et ont une stratégie d'innovation à long terme ; elles attachent la plus grande importance à leurs ressources humaines, à la qualité de leurs relations avec leurs partenaires, clients et fournisseurs, cultivent l'esprit d'initiative et se révèlent très attachées à certaines valeurs, y compris à leurs responsabilités sociétales. Examinant ensuite leurs engagements au regard des objectifs de développement durable (les ODD des Nations unies) et leurs orientations à l'horizon 2030 et 2050 (zéro carbone), l'auteur finalement nous livre une description des thématiques essentielles qui déterminent leurs actions… ■

1. Paris : Seuil, 2021.

Bifurcation écologique et économie désirable

Par Pierre Veltz [1]

La série consacrée à la transition écologique et énergétique, ouverte en 2020 dans nos colonnes [2]*, revient dans ce numéro de printemps, avec notamment cet article de Pierre Veltz qui souligne l'ampleur des évolutions à engager en la matière. Plus qu'une transition, il s'agit selon lui d'opérer une « bifurcation » et cette bifurcation pose un défi bien plus sociétal que technique. Comme Pierre Veltz le rappelle, les solutions techniques pour répondre au défi écologique, pour l'essentiel, existent ; d'importants gains d'efficacité énergétique sont encore possibles, mais compte tenu de certains freins (tels que l'effet rebond, la non-durabilité de nombreux biens, l'emballement technologique...), la clef la plus efficace consiste à modifier radicalement nos modes de vie. Cette bifurcation ne peut se faire qu'en prenant la voie de la sobriété : une sobriété non seulement individuelle, mais aussi et surtout collective, systémique, orchestrée par la puissance publique, de sorte que les choix menant la France vers l'objectif du zéro émission nette soient cohérents, et que les citoyens comme les acteurs socio-économiques voient, et comprennent, le chemin suivi. Ce cheminement vers ce que Pierre Vetz appelle l'« économie désirable » passe donc par une sobriété structurelle reposant sur une économie « humano-centrée », qui certes existe déjà et continue à se développer à l'échelle micro, localement ; mais doit désormais s'envisager à l'échelle supérieure, via une coordination et une orchestration planifiée par la « machine publique ».* S.D.

Nous savons que chaque jour qui passe, les gaz à effet de serre continuent de s'accumuler dans l'atmosphère, grignotant le budget très limité qu'il nous reste si nous voulons atteindre l'objectif du ZEN (zéro émission nette) en 2050. Nous le savons et pourtant nous ne bougeons pas vraiment. Les citoyens français (en

1. Ingénieur, sociologue et économiste ; membre de l'Académie des technologies et professeur émérite à l'École des ponts. Ses travaux portent sur les évolutions de la société industrielle, en lien avec les territoires.

2. Lancée dans le numéro 435, puis complétée dans les numéros 436 et 438, cette série est détaillée sur notre site. URL : https://www.futuribles.com/fr/serie-energie-climat/. Consulté le 14 janvier 2022.

particulier les jeunes) sont parmi les plus inquiets du monde au sujet du risque climatique [3]. Mais au moment où j'écris (janvier 2022), le climat et plus généralement les multiples défis écologiques (biodiversité, pollutions, ressources minérales) sont totalement absents de la précampagne présidentielle française. Comment réveiller les citoyens ?

Un défi sociétal, plus que technique

Le ZEN, pour nous en tenir au seul défi climatique, est un Himalaya à gravir. Pour l'atteindre, il faut baisser les émissions de la France de 7 % par an, sachant que de 2009 à 2019, la baisse ne fut que de 1,5 % en moyenne.

Le plus difficile n'est pas d'imaginer les solutions techniques. En gros, elles sont déjà disponibles (les solutions de rupture du type « fusion nucléaire » sont hors délais). Le problème est de les déployer. Mais il est, plus encore, de construire un récit socialement partagé — avec ses espaces de débat et de conflit — qui soutienne ce déploiement. On en est loin. Jamais sans doute nos visions du futur n'ont été aussi divergentes. À une extrémité du spectre, on trouve ceux qui pensent qu'il faut rompre radicalement avec la société industrielle, en créant des oasis déconnectées et / ou en inventant des mondes nouveaux, sans se préoccuper de choses aussi triviales que la feuille de paie ou le chômage. À l'autre extrémité, on trouve les rhétoriques lénifiantes de la « croissante verte », ou du « capitalisme-qui-a-toujours-surmonté-ses-crises ». La première de ces positions revient à accepter la catastrophe. La deuxième est trop optimiste et oublie que les mutations du capitalisme ont été accompagnées le plus souvent par de violents soubresauts.

Y a-t-il une voie moyenne, entre repli utopiste et *hubris* techniciste ? Voilà la question qui devrait nous occuper. L'équation est très difficile. Le changement doit être profond ; c'est une bifurcation qu'il s'agit d'opérer, pas une douce transition. Il doit être systémique. Il faut sortir des catalogues de mesures sectorielles pour une vision d'ensemble, car tout se tient (énergie, mobilité, bâtiments, agriculture, etc.). Le changement doit aussi être rapide. Il faut arrêter de rêver à des chimères lointaines (un gouvernement

3. Voir BELL James *et alii*, « In Response to Climate Change, Citizens in Advanced Economies Are Willing to Alter How they Live and Work », Pew Research Center, Report, 14 septembre 2021. URL : https://www.pewresearch.org/global/2021/09/14/in-response-to-climate-change-citizens-in-advanced-economies-are-willing-to-alter-how-they-live-and-work/. Consulté le 18 janvier 2022.

mondial, un miracle technologique, un prix du carbone généralisé et très élevé, une révolution des modes de vie) et partir du monde tel qu'il est, en jouant sur les marges de manœuvre disponibles.

La mutation doit enfin être socialement acceptable, donc juste. C'est peut-être le plus difficile. La contribution des plus riches aux émissions de gaz à effet de serre est disproportionnée, au niveau international comme au niveau national. Cela veut dire qu'il faudra leur demander de participer plus. Mais la pente naturelle mène vers des contraintes et / ou des augmentations de prix touchant davantage, en relatif sinon en absolu, les plus pauvres et les classes moyennes. Il est bien plus facile en effet de résoudre les problèmes en augmentant les coûts et les contraintes (je pense par exemple aux « zones à faibles émissions » dans les centres-ville, mesure typiquement antisociale). Des trajectoires non équitables compromettraient toute réelle avancée, autant et peut-être plus encore que les résistances des *lobbies* du mode ancien.

Pour réussir ce pari d'un changement à la fois profond, rapide et équitable, il me semble que la bifurcation écologique doit s'inscrire dans une vision globale renouvelée et positive pour nos économies et nos sociétés, celle d'une économie désirable, répondant enfin à nos besoins fondamentaux. « Verdir » et « décarboner » sont des formulations trop techniques, à ce jour, pour porter un véritable projet politique. Il faut sortir de l'écologie du signe moins pour imaginer une nouvelle « prospérité [4] ». Il faut donc réfléchir à la question du « quoi produire » (quels biens et services privilégier ?) — angle mort de la pensée écologique dominante — et pas seulement à celle du « comment produire » (de manière plus verte, plus efficace et plus sobre). Peut-on concevoir un mélange d'activités structurellement sobre, sans aggraver les inégalités, et en redessinant un futur motivant ? La réponse à la crise écologique ne devrait plus constituer un chapitre à part de nos choix collectifs. Nous devrions la voir comme une formidable opportunité pour repenser les orientations globales de nos économies et de nos sociétés.

4. Voir Bruno Latour : « L'écologie, c'est la nouvelle lutte des classes », entretien avec Nicolas Truong, *Le Monde*, 10 décembre 2021.

Les gains d'efficacité sont essentiels mais ne suffisent pas…

Améliorer l'efficacité de nos processus de production, et d'usages, est et restera un pilier central de la bifurcation. Que veut dire être plus efficace ? C'est produire plus et mieux (en termes de valeur d'usage) avec moins : moins de matière, moins d'énergie, moins d'émissions de gaz à effet de serre (GES), moins de pollutions. On insiste souvent, non sans raison, sur les gaspillages et les inefficacités de nos sociétés. Mais il faut être conscient aussi des énormes progrès réalisés dans le passé, qui continuent. Nos objets, dans leur immense majorité, utilisent de moins en moins de matière et d'énergie pour un usage donné — et souvent beaucoup moins. Pour les automobiles, le rapport masse/puissance a été divisé par huit au cours du siècle dernier. Les avions ont diminué leur consommation par passager-kilomètre de plus de la moitié au cours des 50 dernières années. Les secteurs champions sont bien sûr l'informatique (loi de Moore aidant) mais aussi, plus inattendu, l'éclairage. Le coût du lumen (l'unité de lumière) rapporté au produit intérieur brut (PIB) par habitant a été divisé par 100 000 depuis un siècle. Et il y a encore de grandes marges de progrès. Une meilleure conception des produits, de nouveaux procédés, moins de chutes, plus de recyclage, des matériaux de substitution : les chercheurs du Wuppertal Institute, en Allemagne, pionnier en la matière, pensent que la productivité des ressources peut encore progresser d'un facteur 4 ou 5 [5] ! Les ingénieurs ont du pain sur la planche, en particulier pour les cinq grands matériaux qui sont responsables de près de la moitié des émissions industrielles (ciment, acier, aluminium, papier, plastiques).

Ce constat se retrouve lorsqu'on regarde l'ensemble de nos économies. Il est fascinant, par exemple, de constater que les émissions de GES par habitant dans la Chine actuelle sont (*grosso modo*) du même niveau que celles de l'Europe à la fin du XIXe siècle — période où les pays étaient encore massivement agraires, sans voitures, ni avions, ni trains… Pour l'ensemble du monde, la quantité de GES par unité de PIB a diminué d'un tiers depuis 1990. En France, elle a baissé de 50 % (du moins si on s'en tient aux émissions sur le territoire national : rappelons que le carbone incorporé dans les importations françaises représente désormais plus de la moitié de l'empreinte réelle, qui est de l'ordre de 10 tonnes par habitant).

5. VON WEIZSÄCKER Ernst *et alii*, *Facteur 5. Comment transformer l'économie en rendant les ressources 5 fois plus productives*, Bruxelles : De Boeck, 2013.

Faut-il conclure que tout va bien ? Malheureusement, non. Car entre l'efficacité au niveau micro et le résultat au niveau macro, il y a un intrus de taille : l'augmentation de la demande ! C'est l'histoire de la Reine rouge dans *Alice au pays des merveilles* [6], dont les sujets doivent courir de plus en plus vite pour rester sur place. On utilise moins de matière, d'énergie, on émet moins de GES par unité de consommation, mais cette dernière galope plus vite, et parfois bien plus vite, que les gains unitaires. Le fait de se focaliser trop fortement sur l'efficacité (ce qui est pourtant le cas dans la plupart des politiques publiques) est donc un piège s'il empêche de voir que ces gains d'efficacité sont aussi le moteur qui emballe la machine. Trois mécanismes sont ici à l'œuvre.

Effet rebond, non-durabilité, profondeur technologique

Le premier est l'effet rebond, encore appelé effet Jevons. Le constat est très simple : un bien ou un service produit plus efficacement va baisser de prix, gagner en qualité, donc attirer plus de consommateurs ou augmenter les usages. La liste des exemples est infinie : aucun secteur n'y échappe. Il y a beaucoup moins d'aluminium ou d'acier dans chaque canette de 33 centilitres, mais le nombre de canettes a tellement crû que la consommation d'acier ou d'aluminium pour fabriquer ces canettes s'est envolée (une remarque, au passage : l'acier est un meilleur choix, car beaucoup plus facile à recycler). Les avions consomment moins au passager-kilomètre. Résultat : le trafic mondial a explosé. L'unité d'éclairage est produite de manière incomparablement plus efficace. Résultat : nos villes deviennent visibles de l'espace !

L'effet rebond est universel. Mais il n'est pas la seule manière de dilapider — si je me place du point de vue de l'économie globale des ressources — les gains d'efficacité. La multiplication déraisonnable des variantes des produits et la réduction organisée de leur durée de vie sont des facteurs de dopage de la consommation qui sont vieux comme le *marketing* et toujours d'actualité. En théorie, la diffusion croissante de modèles « serviciels » (l'offreur ne vend plus un produit physique, mais un service, une prestation ; il a donc intérêt à ce que l'objet soit durable) devrait permettre de calmer le jeu. Certains placent de

6. CARROLL Lewis, *Les Aventures d'Alice au pays des merveilles,* Londres : Macmillan, 1865.

EFFET REBOND : EXEMPLES DU BÂTIMENT ET DE L'INFORMATIQUE

Le chauffage est le premier poste de dépense énergétique en France, et le deuxième (après le transport) en termes d'émissions carbonées. La croisade contre les « passoires thermiques » figure donc, logiquement, en tête de tous les programmes écologiques. Isoler pour réduire la consommation d'énergie, mais aussi décarboner celle-ci sont des priorités [1]. Toutefois, l'effet rebond est considérable. On isole mieux, mais le reflexe général est de monter les thermostats. Or, un degré de plus ou de moins en moyenne a un effet énorme sur la consommation. Dans un livre fascinant, David MacKay, expert britannique de premier plan, s'interroge sur le changement comportemental qui aurait le plus fort impact écologique. Il répond sans hésitation : « En numéro un, acheter des pulls en laine pour baisser la température dans les logements [2]. »

Le cas de l'informatique est différent. Les gains d'efficacité pour les processus de base y sont beaucoup plus spectaculaires. Même les mégafermes de serveurs sur lesquelles repose l'envolée du *cloud* sont de plus en plus efficaces en énergie et carbone. Mais l'empreinte globale du monde numérique, qui paraît léger et immatériel, a déjà dépassé celle de l'aviation civile (hors Covid) et ne cesse de croître. Elle repose sur un effet rebond massif, le cœur du modèle économique des plates-formes étant l'augmentation ultrarapide des volumes que permettent les effets de réseau. L'effet pervers est que ces augmentations sont insensibles pour l'usager qui échange des photos ou regarde des vidéos, et dont la consommation locale est négligeable au regard des coûts globaux [3]. ■

P.V.

1. On parle moins, étrangement, de cet aspect de décarbonation : la solution existe, il faut aller vers des énergies de chauffage propres, au premier chef l'électricité (par des pompes à chaleur).

2. MACKAY David J.C., *Sustainable Energy - Without the Hot Air,* Cambridge : UIT Cambridge, 2009 (traduction française : *L'Énergie durable. Pas que du vent !,* Bruxelles : De Boeck, 2012).

3. Voir le rapport du Shift Project, *Déployer la sobriété numérique,* 2020. URL : http://theshiftproject.org/article/deployer-la-sobriete-numerique-rapport-shift/. Consulté le 18 janvier 2022 ; FLIPO Fabrice, *L'Impératif de la sobriété numérique. L'enjeu des modes de vie,* Paris : Éditions matériologiques, 2020 ; et PITRON Guillaume, *L'Enfer numérique. Voyage au bout d'un like,* Paris : Les Liens qui Libèrent, 2021.

grands espoirs dans cette économie des fonctionnalités. Mais chacun voit que l'imagination des entreprises pour rendre les usagers captifs de renouvellements inutiles semble sans limites : pensez à l'informatique, aux logiciels, entre autres.

Enfin — troisième effet —, on peut penser qu'une grande partie des gains d'efficacité est recyclée dans l'augmentation incontrôlée de la complexité technique et fonctionnelle des objets. Grâce à la mondialisation, qui a créé la grande quincaillerie internationale des composants de toute nature (notamment électroniques), les objets du quotidien sont devenus, en quelques décennies, considérablement plus sophistiqués que ceux des générations précédentes. Les microprocesseurs, par exemple, se sont disséminés bien au-delà des ordinateurs et des portables. L'Internet des objets nous promet une vague encore plus puissante et étendue.

Cet effet de « profondeur technologique » est sous-estimé, mais il pèse lourd dans la balance climatique. Derrière les objets (et les services) quotidiens, on trouve maintenant des réseaux de plus en plus labyrinthiques de production, avec des myriades de fournisseurs en cascade. Et les objets enfouissent en leur sein une multitude des constituants de plus en plus difficiles à séparer et à recycler, comme les métaux que l'on trouve dans les *smartphones*. L'évolution des voitures est un bon exemple. Au lieu de rendre les modèles plus simples (et beaucoup moins coûteux), les gains d'efficacité ont été recyclés largement, dans une formidable augmentation de complexité, avec une part énorme désormais dédiée à l'informatique et à l'électronique. Bien sûr, une partie de ces nouveaux équipements est très utile : qui voudrait se passer de l'ABS, le système antiblocage des roues ? Mais le processus d'ensemble est à l'évidence piloté par la passion des ingénieurs, plus que par une analyse des besoins des usagers. L'enjeu n'est pas de refuser les avancées de la technique ni de les brider par avance. Mais il faut bien constater qu'il n'existe aucun forum véritable, ni dans la société ni dans les entreprises, pour exercer ce que Philippe Bihouix appelle le « techno-discernement [7] ».

Effets rebonds en cascade, non-durabilité, profondeur technologique : tous cela permet d'éclairer le mystère que constituent l'extravagante augmentation de notre consommation de ressources et l'envol de notre facture d'énergie. Car, au fond, c'est bien d'un mystère qu'il s'agit. « N'importe quelle mesure du progrès dans le niveau de vie de l'individu donne un coefficient de progrès incomparablement plus faible que dans la quantité d'énergie dépensée par habitant », écrivait déjà Bertrand de Jouvenel dès la fin des années 1960 [8]. Depuis les années 1950, cette quantité a été multipliée par trois en France, et sans doute nettement plus pour les plus riches d'entre nous. Vivons-nous trois fois mieux ? Jean-Marc Jancovici rappelle souvent que les humains ne consomment pas d'énergie. Ce qui consomme de l'énergie, ce sont les centaines, les

7. Voir BIHOUIX Philippe, *L'Âge des low tech. Vers une civilisation techniquement soutenable*, Paris : Seuil, 2014.

8. JOUVENEL Bertrand (de), *Arcadie. Essais sur le mieux vivre*, Paris : Futuribles (SEDEIS), 1968.

milliers, les dizaines de milliers de machines (de moteurs notamment) qui travaillent pour nous, machines dont nous avons oublié l'existence, car la plupart d'entre elles sont très lointaines, abstraites. Jean-Marc Jancovici parle aussi des « équivalents-esclaves » qui sont à notre disposition, en prenant comme unité l'énergie déployée par un humain en une journée de travail. Leur nombre est faramineux et se chiffre en centaines. Cette image montre à quel point nos processus se sont autoemballés depuis un siècle. Mais elle est aussi source d'espoir : une réduction substantielle de notre extravagant train de vie est possible en gardant l'essentiel de nos acquis, surtout si on partage un peu mieux nos « esclaves »...

Les chemins de la sobriété : les styles de vie en première ligne

Comment apprivoiser l'effet rebond ? Comment refroidir l'emballement pour la profondeur technologique ? Autrement dit : comment reprendre le contrôle, dans nos modes de vie et de consommation, des dynamiques enclenchées par nos progrès productifs ? C'est la grande question. Certains ont proposé des mécanismes fiscaux. Ernst von Weiszäcker, le fondateur du Wuppertal Institute déjà cité, a proposé une fiscalité paradoxale pour que les gains de productivité des ressources réalisés par les entreprises soient taxés puis recyclés vers les entreprises pour de nouveaux investissements d'efficacité, et pas seulement la croissance de la demande. L'idée est astucieuse, mais elle paraît peu réaliste.

En réalité, on peut tourner le problème dans tous les sens, on voit qu'il n'y a pas de solution si on n'agit pas sur la demande en même temps que l'on agit sur l'offre. En d'autres termes : si on ne passe pas par la case « sobriété ». *Human sufficiency* et *eco-efficiency*, sobriété et efficacité, sont comme le yin et le yang de la bifurcation. Le consensus se répand sur ce point chez les experts [9]. Mais le mot sobriété souffre d'un désavantage compétitif majeur par rapport au mot efficacité. Il n'est pas clairement défini et ne peut pas être quantifié de la même manière, car il dépend fondamentalement des choix et des valeurs que nous décidons d'adopter.

9. Pour atteindre le ZEN 2050, les trois jeux de scénarios récemment publiés (Association négaWatt, ADEME [Agence de la transition écologique], RTE [Réseau de transport d'électricité]) comprennent une exigence de « sobriété », plus ou moins forte, il est vrai. Disponibles en ligne, URL : https://negawatt.org/IMG/pdf/synthese-scenario-negawatt-2022.pdf ; https://transitions2050.ademe.fr/ ; et https://www.rte-france.com/analyses-tendances-et-prospectives/bilan-previsionnel-2050-futurs-energetiques#Lesdocuments. Consultés le 18 janvier 2022. (Voir aussi la présentation comparée de ces scénarios par Pierre Papon en p. 21 de ce numéro [NDLR].)

Le débat sur la décroissance obscurcit le sujet au lieu de l'éclairer, en prônant une sorte de reflux général et indifférencié. Ouvrir le débat sur la sobriété, ou plutôt les sobriétés, passe au contraire par un processus de différenciation réflexive. Qu'est-ce qui est utile ? Qu'est-ce qui l'est moins, ou pas du tout ? L'enjeu n'est pas de réduire nos « niveaux de vie » (expression étrange, soit dit au passage, en ce qu'elle sous-entend une sorte de jauge unique). Il est de vivre mieux, quitte à consommer davantage dans tels domaines et moins dans tels autres. Les choix de sobriété engagent donc des démarches ouvertes, contradictoires, loin des automatismes supposés des agrégats macroéconomiques.

Sobriété, frugalité, tempérance, autolimitation : le retour en force de ces thématiques anciennes de philosophie politique dans l'univers intellectuel étroitement positiviste de l'économie est une bonne nouvelle. Il suscite déjà et suscitera encore beaucoup de débats, d'anathèmes, de confusion. Le point acquis me semble être celui-ci : la bifurcation écologique ne pourra pas s'opérer sans transformation de nos styles de vie, de nos esthétiques de vie. Mais ceci ne signifie pas que la clef est essentiellement dans les choix individuels.

© Yellow duck / Shutterstock

C'est pourquoi je propose de distinguer clairement trois niveaux de sobriété : comportementale ; systémique ; structurelle.

Le premier niveau est celui des choix individuels. Ce sont les fameux bons gestes éco-responsables : manger moins de viande rouge, prendre l'avion seulement si c'est vraiment nécessaire, acheter moins de vêtements et les porter plus, ou les offrir à d'autres, etc. Il y a un côté « prêchi-prêcha » dans ces bréviaires de la vertu écologique, parfois à la limite de la niaiserie. Pour autant, ces comportements comptent, incontestablement. Quel est leur impact ? L'étude la plus fouillée que j'ai trouvée, coordonnée par l'université de Trondheim en Norvège, a estimé l'impact de 91 (!) de ces bons gestes sur notre empreinte carbone, en remontant les chaînes de valeur correspondantes [10]. Le résultat

10. MORAN Daniel *et alii*, « Quantifying the Potential for Consumer-oriented Policy to Reduce European and Foreign Carbon Emissions », *Climate Policy*, vol. 20, n° sup. 1, 2020. URL : https://www.tandfonline.com/doi/full/10.1080/14693062.2018.1551186. Consulté le 18 janvier 2022.

donne un ordre de grandeur : si tout le monde est très vertueux, on fait environ un quart du chemin nécessaire. Comme on s'y attend, les domaines de la mobilité, du logement et de l'alimentation sont ceux qui permettent les gains les plus substantiels. Un quart, c'est beaucoup, mais c'est loin de suffire.

La sobriété collective, ou systémique

Le deuxième niveau est celui de la sobriété systémique. Le constat est que nos comportements sont très largement formatés par les cadres physiques et organisationnels que la société nous impose. Pour faire du vélo, il faut des pistes cyclables. Pour télétravailler, il est préférable de disposer de locaux adaptés. L'aménagement des territoires, des villes, des mobilités, l'organisation du temps dans les entreprises, ou les écoles, façonnent en profondeur nos consommations, nous obligeant de fait à de vastes gaspillages. La pandémie a rendu sensible l'importance de ces contraintes, tout en révélant la flexibilité étonnante des sociétés à l'égard de normes d'espace et de temps que l'on croyait beaucoup plus rigides. C'est donc le bon moment pour repenser ces normes, non seulement du point de vue du confort de chacun, mais sous l'angle des impacts collectifs en termes d'économie des ressources.

La sobriété systémique mérite son nom parce qu'elle ne peut pas se satisfaire des découpages sectoriels habituels : le logement, l'urbanisme commercial, la mobilité, l'emploi, etc. Il ne sert à rien de prêcher l'abandon de la voiture, ou de la double motorisation, au ménage habitant (par choix ou nécessité, peu importe) un pavillon éloigné de tout transport collectif, dans un lotissement trop petit et trop isolé pour offrir les services de base. En l'occurrence, la non-sobriété est le résultat de décennies de laisser-faire ayant conduit à un étalement spatial non soutenable. Contrairement à la vision décroissante habituelle, la sobriété systémique ne peut pas procéder uniquement par soustraction ou évitement. Elle appelle des investissements, et même des investissements importants. Elle suppose aussi des choix raisonnés. Dans le domaine du logement, par exemple, est-il plus sobre de continuer à entasser les gens dans des logements minuscules, ou de proposer des logements plus spacieux (suivant la demande générale que révèlent toutes les enquêtes), avec des espaces collectifs dans les immeubles, permettant d'éviter certains déplacements inutiles, de pratiquer un télétravail confortable, de mutualiser diverses activités ?

LES MOBILITÉS, CHOIX INDIVIDUELS ET ORGANISATION COLLECTIVE

Les mobilités sont en France la première source d'émissions de gaz à effet de serre [1]. C'est l'héritage de décennies de bas prix du pétrole. Les automobiles produisent la moitié de ces émissions, la plus large part se réalisant dans les grandes aires urbaines, et surtout dans les trajets quotidiens entre périphéries et centres. Pour rester dans la trajectoire d'une limitation du réchauffement à 1,5 °C d'ici 2100, par rapport au niveau préindustriel, il faudrait réduire ces émissions de 60 % d'ici 2030. Comment faire ?

L'électrification des véhicules est susceptible (en France) de diviser fortement les émissions à terme. Mais à terme seulement. D'ici 2030, l'impact sur les émissions ne sera au mieux que d'un petit cinquième. Réduire les distances ? Cela ne peut se faire que lentement, car la géographie des activités est très inerte ; le télétravail, il est vrai, peut en partie changer la donne. Les comportements de sobriété individuels, la réduction volontaire et le passage au vélo, par exemple ? Le potentiel est en fait très limité. Le vélo, en particulier, ne permet que des mobilités très locales.

Le vecteur le plus pertinent relève de la sobriété systémique : seul un report modal massif de la voiture vers le train (ou le bus) permet d'approcher l'objectif. Il faut donc un choc massif d'offre de transports collectifs, en priorité dans les périphéries des grandes métropoles françaises. Au lieu de multiplier les petits investissements sans impact significatif, il serait temps de créer l'équivalent du Réseau express régional (RER) parisien autour des grandes métropoles. L'investissement serait lourd mais cela pèserait vraiment dans la balance globale. Pourquoi ne le fait-on pas ? ■

P.V.

1. Voir sur ces points : COLDEFY Jean (sous la dir. de), *Décarboner la mobilité. Quelles solutions, quels financements ? Feuille de route*, ATEC-ITS France, janvier 2021. URL : https://atec-its-france.com/wp content/uploads/2021/03/FEUILLE-DE-ROUTE-V2-Decarboner-la-mobilite-V1.pdf. Consulté le 18 janvier 2022.

À moyen terme, une sobriété structurelle : déployer l'économie humano-centrée

Décarboner les mobilités, les bâtiments, l'agriculture, renouveler de fond en comble le système énergétique : ce sont évidemment les priorités de l'action à court terme. Et il serait grand temps que nous décidions de nous y atteler vraiment.

Mais cela ne répond pas à la question des perspectives à moyen et long termes. L'économie est comme un paquebot dont l'inertie est énorme. Or, tout se passe comme si notre questionnement portait presque exclusivement sur son fonctionnement technique, sa motorisation, et bien peu sur sa destination. « Verdir » les différentes activités ne doit pas nous dispenser d'une réflexion sur les buts collectifs, sur la structure même de l'économie que nous voulons construire. Quels domaines voulons-nous privilégier ? Quelles sources de valeur ? Et quels mécanismes de création de cette valeur ? C'est dans ce cadre, au-delà du « comment », qu'il faut poser la question de la sobriété. Y a-t-il un chemin vers une composition globale de l'économie qui soit structurellement sobre, de par la nature même des activités et des processus formant la base productive des sociétés ?

Il serait stupide de penser qu'il y a une seule réponse à ces questions, et encore plus que l'on pourrait la définir *a priori,* de manière technocratique. Elles devraient être au centre du débat politique. Pour alimenter ce débat, je propose de partir d'une tendance profonde qui est à l'œuvre depuis plusieurs décennies, à savoir la montée d'une économie qui n'est plus centrée sur l'accumulation des objets mis à notre disposition, mais sur nos corps, nos cerveaux, nos émotions : une économie « humano-centrée » dont le cœur est l'individu, dans sa singularité et dans son intimité [11]. Bien entendu, nous sommes loin d'être sortis de l'économie d'accumulation de choses (je l'appelle : « économie salon-garage-cuisine ») qui domine nos modes de vie depuis la révolution des Trente Glorieuses. Il suffit de voir les embouteillages actuels de porte-conteneurs dans les grands ports mondiaux pour réaliser que notre avidité d'objets est loin d'être calmée. Les SUV (*Sport Utility Vehicles*) ne se sont jamais aussi bien vendus qu'en 2021 : 40 % du marché automobile en France, 47 % en Chine [12]. Mais cette économie va finir par s'essouffler. La liste des secteurs connaissant la plus forte croissance, dans les pays développés tout au moins, est éloquente. En premier lieu : la santé et la grande nébuleuse du bien-être ; l'alimentation de qualité ; les loisirs ; l'éducation ; la culture ; la sécurité.

Une société mettant la priorité sur ces domaines aurait une empreinte [13] matérielle et énergétique bien plus faible que la société d'accumulation d'objets. Elle permettrait aussi — et c'est essentiel — la création d'emplois nombreux et potentiellement de qualité, y compris pour des qualifications intermédiaires : enjeu

---

11. L'économiste Robert Boyer parle depuis longtemps d'économie « anthropo-génétique » (production de l'humain par l'humain, autour du triptyque santé, éducation, culture). Voir BOYER Robert, *Les Capitalismes à l'épreuve de la pandémie,* Paris : La Découverte, 2020.

12. STEINMANN Lionel, « Les SUV poursuivent leur irrésistible marche en avant », *Les Échos,* 27 décembre 2021.

13. Cette hypothèse, centrale dans mon approche, reste évidemment à chiffrer de manière plus précise, dans divers scénarios. Ce travail est en cours.

sociétal de première importance. Sa trajectoire ne se confondrait pas avec celle de la tertiarisation, que l'on observe dans toutes les économies développées, et qui diminue l'empreinte écologique mais au prix d'une externalisation vers des pays tiers de la fabrication toujours aussi massive d'objets.

Enfin, il est bien clair qu'« humano-centré » ne signifie pas « humaniste » par essence ! Le sujet n'est pas seulement celui du développement de certains secteurs plutôt que d'autres. Il est celui des modalités de ce développement.

La version positive que je défends est celle d'une économie authentiquement orientée vers la croissance des compétences, des « capabilités [14] » humaines ; et d'une économie où la création de valeur se réalise essentiellement dans la relation interpersonnelle. Mais d'autres trajectoires sont possibles, et déjà partiellement engagées. Soyons conscients du fait que l'économie du corps, des émotions, de l'intelligence est une cible prioritaire pour les GAFAM (Google, Apple, Facebook, Amazon, Microsoft) — et leurs équivalents chinois. Les perspectives de croissance marchande y sont gigantesques et le lien numérique se révèle particulièrement adapté au contact direct avec l'intimité des individus, y compris par la création d'addictions. Ce choix entre une économie des capabilités et de la relation humaine, utilisant le numérique à bon escient, et une économie fondée sur la désintermédiation numérique généralisée et la captation de valeur par les seules plates-formes, dessine une ligne de fracture majeure. Il sera au cœur des batailles de demain, avec des implications sociétales mais aussi écologiques très lourdes.

La question cruciale des échelles : vive le petit, mais sans oublier le grand !

Une équivalence s'est installée dans la tête de beaucoup de personnes entre vertu écologique et échelle locale, ou même microlocale. Circuits courts alimentaires, économies collaboratives, circularité dans l'économie urbaine et industrielle, valorisation des ressources locales dans la construction et l'énergie : tout ce qui est proche est plébiscité. Pour l'alimentation, par exemple, les Français privilégient l'origine locale sur le bio. Cette vision a produit une efflorescence remarquable de projets, divers et créatifs, où le territoire local tient le premier rôle. Il faut bien sûr s'en féliciter, car cela fait avancer les idées et contredit la morosité si pesante au

14. Pour reprendre les termes d'Amartya Sen et de Martha Nussbaum.

niveau national. Mais on peut aussi s'interroger sur les limites de ce tournant local.

Au plan technique, il est clair que les circuits d'approvisionnement de certains produits ou composants sont simplement aberrants. « Re-localiser » est donc un mot d'ordre justifié. Mais il ne faut pas non plus surévaluer l'impact du seul transport sur le coût écologique. Dans la mondialisation, le problème écologique majeur, ainsi, n'a pas été celui du transport maritime massifié (même s'il est loin d'être anodin), mais celui du report de la production vers des pays moins regardants sur le plan environnemental et social. Dans les circuits alimentaires, ce qui compte avant tout, ce sont les conditions de production et d'usage final des aliments. Un transport massifié sur une distance raisonnable ne pèse pas forcément très lourd dans l'équation finale.

Ces aspects techniques, toutefois, n'expliquent la préférence pour le local que de manière superficielle. Celle-ci procède de moteurs plus profonds. Il y a d'abord le constat que les politiques nationales, et plus encore internationales, piétinent désespérément. Nombreux sont celles et ceux, notamment chez les jeunes, qui se disent « agissons petit, agissons localement, mais agissons ! » Il y a aussi une résonance profonde entre les idées écologiques et un changement culturel fondamental dans la jeunesse qui se décline autour de mots-clefs comme : autonomie (reprenons la main sur nos parcours de vie, en dehors de grandes organisations) ; recherche de sens ; valorisation du faire concret, fût-il modeste.

Vive le local et le petit, donc ! Mais nous devrions aussi apprendre ou réapprendre à penser et à agir en grand. Il faut en être conscient : multiplier les petits projets de proximité ne suffira pas à atteindre des objectifs comme le ZEN 2050. La nouvelle génération a devant elle des tâches exaltantes, à l'échelle locale, certes, mais aussi aux échelles nationale, européenne, mondiale. La reconstruction du système énergétique, le développement de nouveaux systèmes de santé, d'éducation, de mobilité, la réinvention des villes ne pourront pas se contenter d'expériences locales, aussi créatives soient-elles. L'exemple de l'énergie (encadré ci-contre) est une belle illustration.

Pour conclure : l'avion cherche son pilote

Les chantiers de la bifurcation, on le voit, sont multiples. Et ils sont, à bien des aspects, exaltants — et je n'ai parlé ici que de l'aspect climat-énergie-gaz à effet de serre, sans aborder les sujets encore

POUR RÉINVENTER LA BASE ÉNERGÉTIQUE, IL FAUT MARIER LE GRAND ET LE PETIT

En France, la décarbonation de la base énergétique est la pierre angulaire de la bifurcation. Dans tous les scénarios (avec ou sans nucléaire), elle passe par une croissance considérable du vecteur électricité, et par un développement massif des sources renouvelables — solaires et éoliennes au premier chef. Peu de gens semblent conscients de l'ampleur d'un tel changement, qui s'apparente en réalité à un mégaprojet industriel à l'échelle du pays et de l'Europe. Les scénarios RTE donnent une idée de l'ampleur du chantier. En 2050, le poids de l'électricité passerait de 25 % environ à 55 %. Ceci signifie, même avec une réduction très forte de la consommation énergétique totale (moins 40 % !), une croissance considérable de la production électrique (pour les voitures, le chauffage, l'industrie, etc.) et donc des capacités installées en énergies renouvelables [1]. On est loin de l'image encore dominante des renouvelables comme énergie « légère », massivement décentralisée et locale.

Mais ce ne sera pas non plus un retour aux formes centralisées actuelles. Ce qui caractérise le monde énergétique émergent, c'est une articulation des échelles beaucoup plus complexe qu'aujourd'hui. On aura à la fois des sous-systèmes décentralisés à très courte portée (communautés locales mutualisant l'énergie solaire ou éolienne), mais aussi des interconnexions à très vaste échelle, pour gérer les problèmes d'intermittence et de stockage qui sont le talon d'Achille de l'éolien et du solaire. Dans le monde fossile, les carburants étaient très mobiles, et la production d'électricité était pilotable et en fait relativement proche des usagers ; désormais, c'est l'électricité elle-même qui sera le plus facile à transporter, grâce notamment aux câbles à très haut voltage en continu. Singapour, ainsi, va faire venir un tiers de son électricité d'installations solaires et de stockage géantes situées dans le désert australien, via un câble sous-marin. En Europe, de très grands projets émergent pour l'éolien *offshore*, entre le Royaume-Uni, les Pays-Bas, les pays scandinaves. Tout cela impliquera des réseaux nouveaux, des stockages massifs et des modalités de pilotage beaucoup plus sophistiquées. ■

P.V.

1. Les 45 % de production électrique restants seraient pour l'essentiel bio-sourcés (méthanisation, notamment), impliquant là encore des impacts considérables sur l'économie foncière et agricole.

plus complexes de l'agriculture, des sols, de l'eau, de la biodiversité. Comment opérer cette mutation ? Inciter et réglementer le jeu des marchés ne suffira pas. Le prix général et élevé du carbone est une belle solution sur le papier ; mais on ne voit vraiment pas comment y arriver, surtout dans un délai court. Le rationnement par un quota carbone généralisé n'est ni faisable ni acceptable.

En réalité, il n'y a pas d'exemple historique où un changement de paradigme, qui touche à tous les compartiments de la vie économique et sociale, ait pu se passer d'un « organisateur du futur », en clair d'un État planificateur, et mettant lui-même les mains dans le cambouis. Seul l'acteur public (État, Europe, régions, villes) est capable de créer les bases infrastructurelles permettant aux autres acteurs, financiers ou industriels, d'élaborer leurs propres projections vers le futur. Le numérique, on l'oublie trop souvent, est né au Pentagone autant et plus que dans les garages californiens. Cette « main visible » se fait attendre aujourd'hui pour la bifurcation écologique. Sauf peut-être en Chine. Bien entendu, ce retour de l'État ne pourra pas être celui d'un retour au colbertisme centralisé d'autrefois. C'est toute la machine publique (État central, régions, collectivités locales), en lien étroit avec la société civile, qui doit se mettre en mouvement, de manière solidaire et interactive. Cette planification nouvelle, « distribuée », reste à inventer. ■

La transition énergétique à l'heure des choix

Par Pierre Papon [1]

Au cours de l'année 2020, nous avons ouvert, dans Futuribles, *une série spécifiquement consacrée à la transition écologique et énergétique* [2]*. Ces derniers mois, plusieurs organisations ont rendu publics différents travaux visant à alimenter le débat relatif à l'atteinte de la neutralité carbone à l'horizon 2050, objectif affiché par la France (et l'Union européenne) pour lutter contre le changement climatique. Pierre Papon a examiné et comparé les principales publications proposant des scénarios ou des plans d'action en matière de transition énergétique pour la France à l'horizon 2050 (émanant de l'ADEME, RTE, NégaWatt et du Shift Project) ; il détaille ici les enseignements qui en ressortent, venant ainsi compléter notre série lancée en 2020.*

Dans tous les cas, la feuille de route est sans ambiguïté : il faut inciter à de nouveaux modes de vie pour réduire substantiellement les consommations énergétiques des Français. Ceci implique notamment de modifier les comportements alimentaires, de rénover et transformer les logements, et d'inciter à de nouveaux modes de transport. Pour ce faire, les choix énergétiques diffèrent selon les scénarios mais, comme le montre ici Pierre Papon, la part de l'électricité va croissant, sa production reposant sur une part elle-même en forte hausse des énergies renouvelables, la question du recours au nucléaire étant plus discutée dans les analyses ; plusieurs chiffrages sont avancés. L'accent est mis également sur la décarbonation de l'industrie et de l'agriculture, et l'impact possible des transformations à venir sur l'emploi fait l'objet de plusieurs estimations. Néanmoins, comme le rappelle Pierre Papon, la transition énergétique et les scénarios proposés pour l'accompagner reposent encore sur de nombreuses inconnues, en particulier sur le plan technique. Et du point de vue social, compte tenu des horizons temporels, des inerties propres aux secteurs concernés (logement, transport...) et à nos modes de vie, et des coûts et investissements nécessaires, il

1. Professeur honoraire de physique à l'École de physique et chimie industrielles (université Paris sciences et lettres, PSL), membre du comité de rédaction de *Futuribles* et conseiller scientifique de Futuribles International.

2. Lancée dans le numéro 435, puis complétée dans les numéros 436 et 438, cette série est détaillée sur notre site. URL : https://www.futuribles.com/fr/serie-energie-climat/. Consulté le 14 janvier 2022.

est urgent d'organiser une large concertation avec les citoyens, et une planification détaillée des politiques destinées à accomplir effectivement cette indispensable transition. S.D.

L'Agence internationale de l'énergie (AIE) avait appelé les États, avant la COP26 (26e Conférence des parties à la Convention-cadre des Nations unies sur les changements climatiques), à amplifier leurs efforts pour parvenir à la neutralité carbone en 2050-2060 [3]. Dans la déclaration finale (non contraignante) de la COP26 qui s'est tenue à Glasgow, en novembre 2021, ceux-ci se sont engagés à réduire de 45 % leurs émissions globales de CO_2 d'ici 2030 par rapport à 2010, et à accroître leurs efforts pour décarboner l'énergie, en éliminant « progressivement » les centrales au charbon dépourvues de dispositifs de captage et de stockage de leurs émissions de CO_2. Les climatologues ont estimé que cette déclaration ne faisait que maintenir « en état de survie » l'objectif de limiter à 1,5 °C le réchauffement de la planète [4].

La France, comme l'Union européenne (UE), s'est fixé l'horizon 2050 pour atteindre la neutralité carbone, en s'engageant dans une transition énergétique qu'ont mise à l'ordre du jour la promulgation, en août 2021, de la loi Énergie-climat, puis la publication de scénarios énergétiques pour la France à l'horizon 2050, par l'Association négaWatt [5], RTE (Réseau de transport d'électricité) [6] et l'ADEME (Agence de

3. AIE, *World Energy Outlook 2021*, Paris : AIE, 2021 (présenté sur le site de Futuribles, URL : https://www.futuribles.com/fr/bibliographie/notice/world-energy-outlook-2021/. Consulté le 14 janvier 2022).

4. O'Grady Cathleen, « Glasgow Pact Leaves 1.5°C Goal on Life Support », *Science*, vol. 374, n° 6570, 18 novembre 2021, p. 920-921. Selon l'AIE, la consommation mondiale de charbon a augmenté de 9 % en 2021…

5. *La Transition énergétique au cœur d'une transition sociétale. Synthèse du scénario négaWatt 2022*, Association négaWatt, 2021. URL : https://negawatt.org/IMG/pdf/synthese-scenario-negawatt-2022.pdf (présenté sur le site de Futuribles, URL : https://www.futuribles.com/fr/bibliographie/notice/la-transition-energetique-au-cur-dune-transition-s/). Consultés le 14 janvier 2022.

6. *Futurs énergétiques 2050. Les scénarios de mix de production à l'étude permettant d'atteindre la neutralité carbone à l'horizon 2050*, RTE, 2021. URL : https://www.rte-france.com/analyses-tendances-et-prospec

la transition écologique)[7]. Et le Shift Project, un *think-tank* sur l'énergie, a lui aussi publié, en 2021, plusieurs rapports sur une société du bas carbone[8]. Au seuil d'une année qui pourrait être décisive en France, avec une élection présidentielle en avril, ces scénarios et rapports invitent à expliciter les enjeux d'une transition énergétique qui impose des choix difficiles.

Une énergie pour de nouveaux modes de vie : une feuille de route pour tous les scénarios français

Tous les scénarios énergétiques font l'hypothèse d'une forte réduction de la consommation d'énergie afin d'atteindre la neutralité carbone en 2050, dans une France qui compterait alors 69 millions d'habitants (pour la métropole) et qui aurait connu une croissance économique de 1,3 % en moyenne annuelle. La Stratégie nationale bas-carbone (SNBC) a donné le « la » pour cette transition : la consommation finale d'énergie passerait de 1 600 térawattheures (TWh) aujourd'hui à 930 TWh en 2050, soit une baisse de 40 %. La sobriété dans la consommation d'énergie et de ressources est le *leitmotiv* de la plupart des scénarios. NégaWatt envisage une sobriété drastique, une division par trois de la consommation d'énergie primaire, afin d'atteindre la neutralité carbone en 2050, et le Shift Project, une baisse de 35 % de la consommation d'énergie finale[9].

---

tives/bilan-previsionnel-2050-futurs-energetiques#Lesdocuments. Consulté le 14 janvier 2022 (analysé *in Futuribles*, n° 446, janvier-février 2022, p. 127-130).

7. *Transition(s) 2050. Choisir maintenant, agir pour le climat,* ADEME, 2021. URL : https://librairie.ademe.fr/cadic/6531/transitions2050-rapport-compresse.pdf?modal=false (présenté sur le site de Futuribles, URL : https://www.futuribles.com/fr/bibliographie/notice/transitions-2050-choisir-maintenant-agir-pour-le-c/). Consultés le 14 janvier 2022.

8. Voir notamment *L'Emploi : moteur de la transformation bas carbone dans le cadre du Plan de transformation de l'économie française [PTEF],* Shift Project, septembre 2021. URL : https://theshiftproject.org/wp-content/uploads/2021/09/TSP-PTEF-Emploi-moteur-transformation-bas-carbone-RI-septembre-2021-VF.pdf. Consulté le 14 janvier 2022.

9. L'énergie primaire est l'ensemble des ressources énergétiques dont dispose un pays avant leur éventuelle transformation (par exemple, du pétrole brut avant raffinage en essence et en fioul). L'énergie finale est celle qui est consommée, notamment pour produire de la chaleur. L'électricité d'origine nucléaire ou produite par des filières renouvelables, comme l'hydroélectricité ou l'éolien, est une énergie primaire, mais celle produite dans des centrales thermiques est comptabilisée comme énergie finale (l'ensemble de l'électricité en représentait le quart en France).

Quant à l'ADEME, elle partage ses quatre scénarios entre une forte frugalité (une baisse de 55 % de la demande finale d'énergie par rapport à 2015 dans son scénario « génération frugale ») et une sobriété très modérée (23 %) dans celui baptisé « pari réparateur », fondé sur un fort progrès technique. Tous ces scénarios auront une incidence profonde sur les modes de vie et le travail, ainsi que sur le rôle de l'État et des collectivités territoriales en tant que régulateurs des modes de production et d'utilisation de l'énergie. Cinq secteurs sont particulièrement placés sous les projecteurs car la demande d'énergie y est élevée et associée, pour certains, à de fortes émissions de gaz à effet de serre (CO_2 et méthane) : l'alimentation, l'habitat, le transport, l'agriculture et la sylviculture, la production industrielle. La composition du *mix* électrique est une question critique, qui constitue l'objet des scénarios de RTE, mais sur laquelle l'ADEME ne publiera les siens qu'en 2022 [10].

Se nourrir, se loger et se déplacer autrement

Tant l'ADEME (dans trois de ses scénarios) que NégaWatt préconisent une évolution de l'alimentation des Français, avec une forte baisse de la consommation de viande en 2050, au profit de protéines végétales ou synthétiques : de moitié pour NégaWatt et d'un facteur un à un tiers dans trois scénarios de l'ADEME. L'élevage intensif est, en effet, fortement émetteur de méthane et ses émissions seraient limitées par cette baisse, la part de l'alimentation bio augmenterait fortement. Le Shift Project, dans un *focus* sur l'agriculture et l'alimentation [11], propose aussi la modification de l'alimentation des Français (responsable du quart de l'empreinte carbone nationale) en diminuant fortement la consommation de produits d'origine animale.

L'habitat est une autre question clef, le bâtiment étant un poste important de la consommation d'énergie (40 % en France). NégaWatt fait l'hypothèse d'une réduction de la part des maisons individuelles, supposées plus énergivores, dans les constructions neuves, au profit de petits immeubles ; deux des scénarios de l'ADEME vont dans le même sens (avec un développement de la cohabitation), ainsi que le Shift Project qui envisage une réduction progressive du nombre de logements neufs construits chaque année, ainsi qu'une « réduction rapide et marquée de la proportion de maisons individuelles au sein

10. Au moment de boucler ce numéro, ils n'avaient pas été rendus publics (NDLR).

11. Présenté en juillet 2021 et accessible sur le site du Shift Project. URL : https://theshiftproject.org/plan-de-transformation-de-leconomie-francaise-agriculture-et-alimentation/. Consulté le 14 janvier 2022.

© Olrat / Shutterstock

de la construction neuve [12] ». RTE privilégie le chauffage électrique avec la baisse de la consigne de température de chauffage. Une rénovation thermique à grande échelle du parc bâti complète ces schémas (un million de logements rénovés par an pour le Shift Project). Ces perspectives s'accompagnent dans deux scénarios de l'ADEME de la « démétropolisation » des territoires et de la reconquête des villes moyennes.

Les transports jouent un grand rôle dans nos modes de vie, le travail imposant souvent une forte mobilité favorisée aussi par l'étalement urbain, et ils sont fortement concernés par la réduction de nos consommations d'énergie, le trafic routier étant le premier poste pour les émissions de gaz à effet de serre. NégaWatt privilégie la marche à pied, le vélo et les transports en commun. La vente des véhicules à essence et au gazole ayant cessé en 2035, les véhicules électriques représenteraient 66 % du parc automobile en 2050, ceux à gaz renouvelable 30 % et à hydrogène 4 %. Elle préconise également de limiter à 110 kilomètres à l'heure la vitesse sur autoroute, ainsi que l'instauration d'une redevance au kilomètre pour le fret routier (son produit serait affecté au transport ferroviaire) et l'augmentation du prix du transport aérien. Les deux scénarios les plus frugaux de l'ADEME envisagent que près de la moitié des trajets soient effectués à pied ou à vélo, mais dans le moins sobre, la mobilité augmenterait (hausse de 28 % des kilomètres parcourus par personne). L'électrification est incontournable pour les véhicules routiers légers, les biocarburants et le biogaz complétant le *mix* énergétique des poids lourds, du transport maritime et sans doute aérien.

Un *mix* énergétique très varié

La transformation du système énergétique est le point central de tous les scénarios, l'électricité (25 % dans la consommation finale en 2019) occupant une place prépondérante. Les énergies renou-

12. *Habiter dans une société bas carbone dans le cadre du PTEF*, Shift Project, octobre 2021. URL : https://theshiftproject.org/wp-content/uploads/2021/10/TSP-PTEF-Habiter-dans-une-societe-bas-carbone-RF-7-octobre-2021.pdf. Consulté le 14 janvier 2022.

velables (hydraulique, solaire photovoltaïque, éolien terrestre et *offshore*, bioénergies) jouent un rôle majeur dans la production d'électricité et, partiellement, comme vecteur énergétique (les biocarburants et le biogaz notamment). L'hydrogène, un vecteur énergétique qui occupe une place importante dans plusieurs scénarios, serait produit par électrolyse de l'eau. La place du nucléaire dans le *mix* électrique est un point central du débat sur l'énergie en France mais aussi dans l'UE [13].

Pour l'heure, seul RTE a proposé des scénarios électriques très élaborés. L'unique scénario de NégaWatt est fondé sur un *mix* énergétique avec 96 % d'énergies renouvelables, les énergies fossiles (le gaz notamment) n'étant utilisées que comme matières premières dans l'industrie (4 %) et une sortie du nucléaire étant prévue en 2045. La consommation d'énergie primaire (divisée par un facteur trois par rapport à 2020) serait constituée à près de 60 % d'électricité renouvelable et d'un tiers de bioénergies. L'éolien terrestre et en mer (respectivement 19 000 et 3 000 éoliennes en 2050) serait la première source d'énergie en 2050 (300 TWh contre 40 TWh en 2019), suivi par le bois (200 TWh), le solaire photovoltaïque (160 TWh contre 15 TWh en 2019) et le biogaz (140 TWh). Le réseau électrique serait équilibré par la « complémentarité des vecteurs » et des moyens de stockage (des batteries et la conversion en hydrogène ou en méthane de l'électricité). NégaWatt ne procède à aucun chiffrage financier de son scénario.

La part de l'électricité dans la consommation finale d'énergie s'accroît dans les quatre scénarios de l'ADEME : elle se situe dans une fourchette allant de 42 % dans le premier à 56 % dans le quatrième. Les énergies renouvelables deviennent majoritaires dans la consommation finale d'énergie dans tous les scénarios (70 %-88 %) qui envisagent tous une réduction drastique de la consommation primaire d'énergies fossiles (79 % à 96 %). Plusieurs voies sont utilisées pour l'utilisation d'une énergie carbonée lorsqu'elle est inévitable : le bois, les biocarburants, le biogaz. Les émissions de CO_2 subsistantes seraient captées à la sortie de systèmes thermiques et, selon les scénarios, stockées dans des puits, soit « naturels et biologiques » (forêts et sols), soit « technologiques » (dans le sous-sol ou pour une valorisation chimique). L'hydrogène occupe une part relativement importante dans le *mix* énergétique, mais

13. La Commission européenne dans le cadre de sa politique du *Green Deal* élabore une « taxonomie » des énergies. Cette discussion byzantine doit permettre de leur accorder le label « vert ». Le gaz et le nucléaire ont ainsi obtenu le label d'« énergies durables » en février 2022.

faible dans le transport. Le Shift Project accorde aussi une place importante au vecteur électricité, qui passerait de 27 % à 52 % dans l'énergie finale, une forte hausse qui s'explique par « l'électrification » de l'économie. Les besoins en carburants liquides ou gazeux subsistants seraient assurés en partie par la production de biogaz, de biocarburants, et d'hydrogène par électrolyse.

RTE retient un scénario de référence pour la consommation totale d'électricité de 645 TWh en 2050 (une augmentation de 35 % par rapport à 2019, une production assurée alors à 71 % par du nucléaire), fondé sur plusieurs hypothèses : une forte progression de l'électrification et de l'efficacité énergétique (70 % des logements neufs chauffés à l'électricité), une croissance du nombre de véhicules électriques (36 millions en 2050 et 21 % des camions électrifiés), l'électrification de l'industrie permettant l'utilisation de l'hydrogène bas carbone. Il en propose six variantes avec différentes hypothèses (plus grande sobriété des consommateurs, retard ou accélération de l'électrification, etc.) entre deux limites de puissance : 370 gigawatts (GW) avec 100 % d'énergies renouvelables (52 % d'éolien, 26 % de solaire photovoltaïque et 8 % d'hydraulique) et une sortie du nucléaire en 2050 ; et 210 GW avec 50 % de nucléaire (des anciens réacteurs prolongés et un « nouveau nucléaire ») et 50 % de renouvelables (25 % d'éolien *offshore* et terrestre, 13 % de solaire). Pour le nouveau nucléaire, RTE envisage la construction de réacteurs EPR (*i.e.* à eau pressurisée, dont le prototype de Flamanville n'est pas encore opérationnel) [14] et de petits réacteurs modulaires.

RTE a évalué les coûts complets de tous ses scénarios. Le coût du capital du nouveau nucléaire est un paramètre clef pour sa compétitivité, mais l'investissement destiné aux nouvelles tranches d'EPR construites en série pourrait être abaissé à neuf milliards d'euros par réacteur (au lieu de 13 milliards pour celui de Flamanville). Les coûts de production de l'électricité seraient en moyenne plus faibles pour les énergies renouvelables les plus matures (entre 25 et 55 euros le mégawattheure [MWh]) que pour le nouveau nucléaire (entre 60 et 85 euros le MWh), mais RTE souligne qu'avec un parc de filières renouvelables, intermittentes et non pilotables, il faudra assurer la flexibilité et la stabilité du système électrique avec des capacités de puissance importantes, mobilisables en permanence (des batteries, du thermique décarboné, des lignes de transport,

14. Les deux réacteurs EPR de Taishan en Chine ont été mis en marche en 2018-2019, et celui d'Olkiluoto, en Finlande, en décembre 2021.

Graphique 1. **Coûts complets annualisés des scénarios à l'horizon 2060** (en milliards d'euros par an)

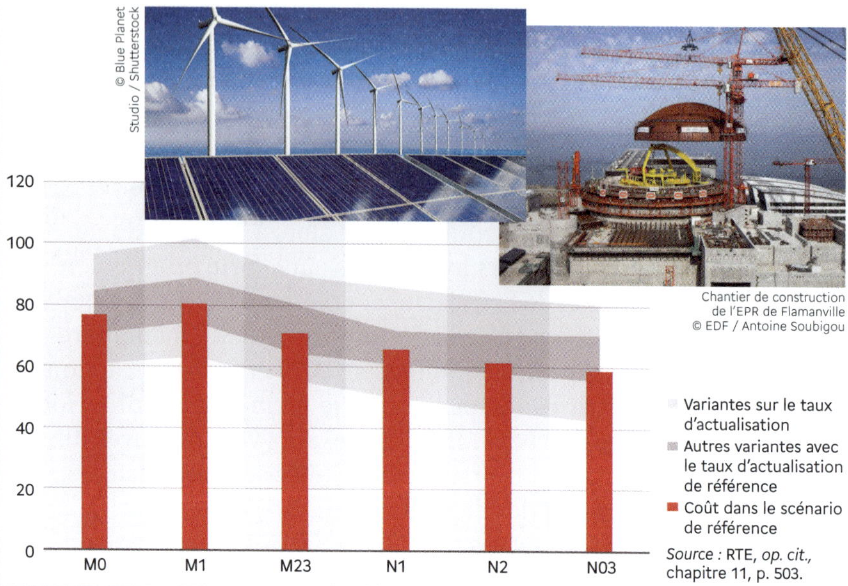

Source : RTE, *op. cit.*, chapitre 11, p. 503.

Légende : RTE a proposé six scénarios pour la production d'électricité. Le graphique présente les investissements moyens annuels totaux qu'il faudrait engager jusqu'à 2060 pour chacun d'eux. Les scénarios M reposent sur les énergies renouvelables sans nucléaire après 2060 [M0 = 100 % renouvelables en 2050 ; M1 = répartition diffuse, via notamment le photovoltaïque, avec petits panneaux solaires ; M23 = axé sur les grands parcs éoliens et solaires] ; les scénarios N sont un *mix* de filières renouvelables et de nucléaire [N1= avec 26 % de nucléaire ; N2 = avec 36 % ; N03 = avec 50 %], avec des réacteurs de la filière EPR.

etc.). RTE conclut qu'en tenant compte des investissements nécessaires, les scénarios avec un nouveau nucléaire seraient moins onéreux à long terme (en tenant compte du stockage des déchets) que ceux avec 100 % de filières renouvelables, et qu'un « scénario conservant une capacité de production nucléaire importante associée à un développement conséquent des renouvelables est de nature à limiter le risque de non-atteinte des objectifs climatiques ». Il estime, de façon sans doute optimiste, que le coût de l'électricité augmenterait modérément. Toutefois, le prix de l'énergie reste une inconnue dans la plupart des scénarios, l'augmentation importante et brutale du cours du gaz, en 2021, montrant que toute prévision sera difficile.

Une industrie et une agriculture sans énergie carbonée

L'industrie (22 % de la consommation d'énergie finale) et l'agriculture sont utilisatrices d'énergies carbonées : de la chaleur produite par des combustibles fossiles (pour la production d'acier et de ciment, par exemple), du gazole comme carburant dans les tracteurs, du gaz naturel pour fabriquer des engrais ammoniaqués, etc. NégaWatt et l'ADEME donnent peu de détails sur les moyens de décarboner l'industrie. Le scénario de NégaWatt conduirait à une baisse globale de l'utilisation des matières premières et de matériaux : de 50 % du béton, de 20 % de l'acier, et de 20 % du plastique et du caoutchouc, de 95 % pour le cuivre et de 84 % pour le cobalt (alors qu'il anticipe une très forte croissance de l'électrification...). Il mise sur une accélération des innovations et une amélioration des rendements des procédés, avec une forte augmentation des taux de recyclage des métaux (95 % en 2050) et des plastiques (85 %), une utilisation grandissante de la biomasse, une décarbonation de la sidérurgie et de la chimie minérale et organique, grâce à l'hydrogène produit à partir d'électricité renouvelable. L'ADEME envisage toutefois plusieurs transformations majeures : une baisse de la production de tous les matériaux, une réduction de l'empreinte matière (un recyclage chimique et biologique des matériaux : plastique, verre, papier, etc.), l'utilisation de ferraille en métallurgie, celle de la biomasse, une amélioration de l'efficacité énergétique avec des substituts aux énergies carbonées dans l'utilisation de la chaleur (la géothermie, le solaire thermique, le bois et l'électricité dans les fours et la sidérurgie), la valorisation (production de carburants par exemple) des émissions résiduelles de CO_2. Quant à RTE, il mise sur le développement des usages industriels de l'électricité.

L'évolution de la production agricole dans les scénarios de NégaWatt et de l'ADEME résulte en grande partie de l'évolution de l'alimentation des Français, avec une réduction de la consommation de protéines animales, mais aussi, dans certains scénarios de l'ADEME, d'une augmentation de l'utilisation de biocarburants d'origine agricole (le bioéthanol voire le biokérosène). L'agriculture basculerait ainsi de l'agriculture conventionnelle vers l'agriculture biologique. NégaWatt préconise la division par deux de l'élevage intensif et la suppression des importations de soja. L'ADEME plaide pour la gestion durable des forêts en maintenant un équilibre, encore instable, entre leur rôle de puits naturel de carbone et de ressources pour la production de matériaux (le bois), et des usages énergétiques et industriels.

La transition énergétique : une équation avec beaucoup d'inconnues

La décarbonation de l'énergie, le fer de lance de la transition énergétique, imposera selon la plupart des scénarios, une profonde modification des modes de vie des Français. La diminution de la part des logements individuels dans l'habitat auxquels ils sont attachés (55 % des logements aujourd'hui) et les modifications des habitudes alimentaires (forte diminution de la consommation de viande) dans un pays qui prise la bonne chère, même si les régimes végétariens ont fait des adeptes, ne se feront pas sans forte résistance. Des limitations à l'utilisation de la voiture individuelle (taxations, interdictions dans certaines zones, etc.) pourraient aussi se heurter à des résistances, notamment si le développement des villes moyennes s'accompagnait de l'extension d'un habitat périurbain mal desservi par des transports collectifs. L'évolution des habitudes et des comportements des Français ainsi que leur capacité à supporter d'éventuelles contraintes (sur l'habitat en particulier) constituent une incertitude majeure qui fragilise certains scénarios ; l'ADEME reconnaît d'ailleurs que les leviers pour agir sur la sobriété sont mal connus, et que les contraintes et les mesures coercitives (quotas et normes diverses) devront être débattues. Les réactions hostiles et parfois virulentes que suscitent des filières énergétiques comme l'éolien terrestre et, dans une certaine mesure, les parcs solaires et éoliens terrestres (avec une artificialisation des sols), voire le nucléaire, sont un facteur d'incertitude pour leur avenir.

S'agissant des filières énergétiques, et électriques en particulier, s'il est indéniable que la plupart sont techniquement matures et économiquement rentables ou le seront (l'éolien *offshore* a pris du retard en France), la nécessité d'assurer la flexibilité et la sûreté d'un système électrique alimenté à forte dose (plus de 60 %) par des filières intermittentes a un coût important qui est souvent insuffisamment pris en compte par les scénarios. Un système électrique faisant appel massivement aux énergies renouvelables suppose un effort important de R&D sur le stockage de l'électricité, notamment des nouvelles batteries (la question se posant pour l'automobile), et les techniques numériques de pilotage des réseaux. Quant à l'option nucléaire, retenue notamment par plusieurs scénarios de RTE (avec une part au maximum de 50 %), sa rentabilité repose sur un pari technico-économique comportant une part d'inconnues : une forte baisse des coûts de construction des EPR par un effet de séries et l'hypothèse que le fonctionnement des premiers prototypes, dont celui de Flamanville, sera conforme aux performances escomptées. Le recours à des petits réacteurs construits par modules, préconisé par RTE, n'a qu'un intérêt limité pour la France car son système électrique a besoin d'une forte puissance de base pilotable, que peut assurer le nucléaire. En revanche, cette technique aurait sa place dans une stratégie industrielle tournée vers l'exportation et qui prendrait aussi en compte la perspective d'une quatrième génération de réacteurs (les surgénérateurs, notamment, avec ou sans thorium).

Plusieurs scénarios, notamment ceux de l'ADEME, accordent une place importante au gaz produit par des filières renouvelables (le biométhane), aux biocarburants d'origine végétale et à l'hydrogène produit par l'électrolyse de l'eau. Si la plupart des procédés pour assurer ces productions sont au point, leurs rendements sont souvent insuffisants pour être rentables, c'est le cas notamment de la production de bioéthanol à partir de déchets ligno-cellulosiques comme la paille. Quant à la production de l'hydrogène par voie électrolytique, RTE et l'AIE soulignent qu'il existe une forte incertitude sur son développement. Qui plus est, le développement de l'électrification avec un déploiement important des filières solaire et éolienne conduira inévitablement à l'utilisation massive de métaux critiques (lithium, cobalt, terres rares, cuivre, etc.) qui, soulignait l'AIE, fait aussi courir un risque économique (avec une volatilité et des augmentations probables des cours se répercutant sur le coût des énergies renouvelables) et géopolitique à la politique énergétique, certains pays ayant un quasi-monopole de leur production. Le problème pourrait se poser pour l'approvisionnement de la filière nucléaire en uranium, voire en thorium, mais l'origine des minerais est plus diversifiée [15].

De façon générale, la plupart des scénarios font l'hypothèse implicite que des innovations, souvent importantes, permettront la décarbonation de l'énergie, alors que plusieurs d'entre elles ne sont pas disponibles, comme le souligne le *World Energy Outlook 2021* de l'AIE. La liste des ruptures techniques qui sont nécessaires est relativement longue : des batteries à électrolyte solide, une alternative à la batterie lithium-ion, des procédés de recyclage des terres rares, la mise au point d'un substitut du silicium pour les cellules solaires, la modification génétique de bactéries pour produire directement soit des hydrocarbures, soit des enzymes permettant le recyclage des plastiques, des procédés physico-chimiques pour transformer les émissions subsistantes de CO_2 [16], etc. Observons aussi que l'industrie chimique organique ne sait pas produire à

15. Ce problème ne se poserait pratiquement pas avec la filière des surgénérateurs, une grande partie du combustible étant transmuté en plutonium utilisable comme combustible.

16. La transformation du CO_2, émis dans un four de cimenterie, en méthanol, un produit chimique de base, par hydrogénation avec un catalyseur est envisageable, mais le procédé est loin d'être au point.

grande échelle des molécules et des matériaux carbonés (le plastique notamment) sans utiliser du gaz naturel et du pétrole comme matière première. L'ADEME a le mérite de reconnaître les limites de ses scénarios et, en particulier, l'éventualité de crises et de ruptures. De façon générale les scénarios énergétiques, faute d'une réflexion prospective, n'identifient pas les verrous techniques existants qui ne peuvent sauter qu'au prix d'un important effort de R&D mobilisant de nombreux acteurs.

Quels emplois dans une économie décarbonée ?

© Frame Stock Footage / Shutterstock

La transition énergétique aura, indéniablement, une incidence majeure sur l'emploi, une question avec également beaucoup d'inconnues. NégaWatt affirme abruptement que la décarbonation de l'énergie aura un impact positif sur l'emploi. Son scénario table sur un nombre important de créations d'emplois : 250 000 en 2030 dans le secteur de la rénovation des bâtiments et 90 000 dans celui des énergies renouvelables (135 000 en 2040). Le Shift Projet s'est livré, en revanche, à une étude importante de l'évolution de l'emploi à l'horizon 2050 [17] . Elle ne couvre pas tous les secteurs mais une grande partie de ceux les plus directement concernés par la décarbonation de l'énergie (transports, logement, agriculture, certaines industries, etc.). Elle aboutit ainsi, pour ces secteurs, à une croissance nette modérée de la demande de main-d'œuvre à l'horizon 2050 (de l'ordre de 300 000 emplois), avec de fortes créations (1,1 million) et destructions (800 000).

L'agriculture connaîtrait la plus forte hausse nette (près de 500 000 emplois), mais l'agroalimentaire, une baisse de 60 000 emplois. La décarbonation du logement aurait un impact négatif avec une perte nette de près de 100 000 emplois pour le secteur dans son ensemble. L'industrie automobile serait la plus grande victime de la transition énergétique, avec plus de 300 000 emplois perdus, en rai-

17. *L'Emploi : moteur de la transformation bas carbone, op. cit.* Son étude couvre 11,9 millions d'emplois actuels, soit 45 % de la population en activité.

son à la fois du recul de l'usage de la voiture individuelle et de son électrification (le moteur électrique étant plus simple à monter). Ni l'industrie lourde (hormis le ciment), ni l'industrie chimique ainsi que les secteurs de la production d'énergie (hormis l'électricité) n'ont été étudiés. Les experts du Shift Project plaident pour une politique industrielle, mais ne rentrent pas dans le détail des plans de reconversion des emplois qui s'imposeront, ni d'ailleurs dans les problèmes fonciers que posera la transformation de l'agriculture.

Un impératif face aux enjeux : mobiliser la prospective, débattre, choisir, planifier

Le titre du rapport de l'ADEME sur les scénarios énergétiques, *Choisir maintenant, agir pour le climat,* est une invitation à la prise de décision. La SNBC a donné une feuille de route pour une décarbonation totale de la production d'énergie, du bâtiment et des transports, et une diminution de près de moitié des émissions de gaz à effet de serre de l'agriculture. La loi Énergie-climat votée en 2019, complétée en 2021, a fixé pour 2035 un objectif de réduction à 50 % de la part du nucléaire dans le *mix* électrique impliquant la fermeture de 14 des 56 réacteurs actuels. Quant au plan d'investissement pour la « France de 2030 », il comporte plusieurs mesures pour les techniques énergétiques. Mais, comme le soulignent RTE et dans une certaine mesure l'ADEME, les infrastructures qu'il faudra construire sont très capitalistiques (notamment le nucléaire) et une planification des investissements à l'horizon 2050 est indispensable, quel que soit le scénario énergétique retenu : RTE les a chiffrés entre 60 et 80 milliards d'euros par an (près de 3 % du produit intérieur brut) [18]. L'ADEME envisage une forte implication des territoires dans la gouvernance de la politique énergétique, mais le retour à un « État planificateur » est sans nul doute indispensable : quel rôle devrait alors jouer un Haut-Commissariat au Plan ?

Une planification de la stratégie bas carbone est un triptyque incomplètement décrit par les scénarios énergétiques. Le premier volet est industriel, il s'agit de mettre au point et de construire les infrastructures de production, notamment de l'électricité, mais aussi de préparer la reconversion de secteurs importants (automobile et chimie notamment) en investissant dans la formation des compétences indispensables à l'avenir. Le deuxième volet est scientifique et technique, un effort important de R&D est indispen-

18. Ce chiffrage inclut la production, la maintenance, des provisions pour le démantèlement des nouveaux réacteurs nucléaires, le stockage des déchets, la flexibilité du système électrique et les réseaux.

sable pour faire sauter les verrous techniques retardant le progrès et la rentabilité de certaines filières, le PIA (programme d'investissements d'avenir) est la structure de pilotage pour financer ces programmes de recherche. Tous les pays européens sont confrontés aux mêmes défis techniques et une coopération scientifique européenne s'impose pour des filières clefs que l'ADEME évoque dans deux de ses scénarios. Le troisième volet est social, il n'est pas le moins important, mais il est souvent absent des scénarios. Il s'agit d'éviter que la transformation de l'économie se traduise par une croissance des inégalités sociales (l'accès au logement notamment) avec une montée du chômage, et de lutter contre la pauvreté énergétique qu'entraînerait un coût élevé de la transition. Quant à son financement, il est peu évoqué dans les scénarios ; toutefois, l'ADEME envisage soit l'instauration d'une fiscalité environnementale, soit le recours à une fiscalité carbone ciblée (un sujet devenu tabou en France...). Olivier Blanchard et Jean Tirole, dans leur rapport sur les grands défis économiques de demain [19], ont proposé d'allouer « une partie importante des recettes de tarification du carbone à des processus de compensation pour des raisons d'équité » [20].

Le débat sur les choix techniques est indispensable. En démocratie, le Parlement est impliqué dans le processus de décision politique : l'Office parlementaire d'évaluation des choix scientifiques et technologiques, qui est bicaméral, présidé par le mathématicien Cédric Villani, joue un rôle central dans le dialogue entre élus et scientifiques, et a souvent abordé les questions énergétiques. La Commission nationale du débat public a rodé une méthodologie pour des consultations impliquant experts et citoyens, elle en a organisé une en 2019 sur le stockage des déchets nucléaires et deux autres, en 2021, sur l'implantation de parcs éoliens au large d'Oléron et dans le golfe du Lion. Elle pourrait être l'initiatrice de débats sur les enjeux locaux de la stratégie énergétique. L'AIE conclut son dernier rapport par une question : la transition énergétique peut-elle être une « rupture propre », sans tensions ? L'avenir apportera une réponse qui pourrait être positive si les choix politiques sont effectués en toute clarté, en s'appuyant sur une réflexion prospective et en impliquant les citoyens dans des débats sur les enjeux de la transition énergétique. ■

---

19. BLANCHARD Olivier et TIROLE Jean (rapporteurs), *Les Grands Défis économiques*, Paris : rapport au Président de la République, juin 2021. URL : https://www.strategie.gouv.fr/sites/strategie.gouv.fr/files/atoms/files/fs-2021-rapport-les_grands_defis_economiques-juin_0.pdf. Consulté le 14 janvier 2022.

20. Les recettes de la seule taxe carbone s'élevaient à neuf milliards d'euros en 2018, elles ont été gelées suite au mouvement des « gilets jaunes ».

Stratégies d'innovation des entreprises *leaders*

Perspectives 2030, horizon 2050

Par Marc Giget [1]

Alors que la crise sanitaire a rebondi fin 2021, remettant en difficulté bien des entreprises confrontées à de nouvelles contraintes (transports, conditions de travail, absentéisme...), sortir un peu de la gestion à court terme en regardant sur quoi se concentrent leurs stratégies à plus long terme offre un appel d'air. C'est ce que propose Marc Giget qui, s'appuyant sur diverses études internationales, présente ici les principales préoccupations et les objectifs stratégiques des entreprises leaders *de l'innovation dans le monde, aujourd'hui mais aussi à un horizon plus lointain — 2030, voire 2050.*

Si leurs objectifs technico-financiers n'ont pas disparu (investissement dans la recherche-développement, coopération scientifique et technique...), on constate qu'à long terme des préoccupations plus sociales et environnementales s'affirment : promotion des employés, transmission, relation harmonieuse à la société... Marc Giget souligne également la volonté d'avoir une vision stratégique de long terme et non strictement conjoncturelle, de transmettre les valeurs et savoirs de l'entreprise aux nouvelles générations, et l'accent mis sur les relations de confiance avec les clients et fournisseurs. Enfin, il présente les orientations nouvelles et les 10 axes clefs d'avenir qui ressortent des stratégies d'innovation des entreprises européennes leaders*, dans lesquels l'atteinte de la neutralité carbone et la réalisation des objectifs de développement durable des Nations unies occupent une place croissante.* S.D.

Pour bien comprendre les dynamiques actuelles des entreprises *leaders* de l'innovation, essentiellement grandes entreprises et ETI (entreprises de taille intermédiaire) internationales, il convient en premier lieu de prendre en compte les facteurs les plus fondamentaux de leur identité, de leurs valeurs et de leurs stratégies

1. Président du Club de Paris des directeurs de l'innovation, et de l'European Institute for Creative Strategies and Innovation (EISCI) ; membre de l'Académie des technologies.

génériques, qu'elles définissent de façon générale comme leur « ADN ». Il s'agit d'éléments par nature peu influencés par la conjoncture et dont l'objectif est d'assurer la pérennité de l'entreprise, quel que soit le contexte et en particulier dans les périodes de crise qu'ils visent justement à traverser et à dépasser.

MÉTHODOLOGIE

La première partie de cette analyse s'appuie sur une étude internationale approfondie réalisée par l'European Institute for Creative Strategies and Innovation (EICSI) [1], de mi-2019 à mi-2021, sur les stratégies d'innovation des grandes entreprises internationales à partir de leurs principaux agrégats économiques.

Un *zoom* a été fait ensuite à partir de la synthèse de sept études internationales récurrentes [2] qui classent les entreprises les plus innovantes, chacune selon des critères propres, soit au total une trentaine de critères, allant de la technologie aux critères d'utilité sociale des innovations, en passant par des critères de bonne gestion et d'efficacité économique. L'intégration systématique de l'âge des entreprises a permis de faire également ressortir les critères de pérennité et de résilience aux grandes crises économiques de ces *leaders*. Ce *zoom* a permis de retenir un millier d'entreprises que l'on peut donc qualifier de *leaders* de l'innovation (les « *best in class* » en anglais), pour lesquelles ont été analysées les constantes de leurs stratégies d'innovation. L'étude a été complétée par des échanges avec une centaine de PDG de ces entreprises.

Les grandes entreprises françaises sont très bien représentées dans ce panel des *leaders* mondiaux de l'innovation, avec la quasi-totalité des entreprises du CAC 40 et les deux tiers de celles cotées au SBF (Société des Bourses françaises) 120, auxquelles s'ajoutent quelques groupes familiaux, soit près de 10 % du panel. Leurs stratégies d'innovation ne se différencient pas particulièrement des autres *leaders* mondiaux, mis à part un plus fort taux de mondialisation de leur activité de production.

La seconde partie de l'analyse, qui traite des nouvelles orientations et des thèmes majeurs actuels des stratégies d'innovation post-Covid à l'horizon 2030, ne porte que sur les entreprises *leaders* européennes, intégrant bien sûr les françaises. ■

M.G.

1. GIGET Marc et HILLEN Véronique, *Pérennité, innovation et résilience des entreprises. Les stratégies de renouveau des entreprises leaders*, Paris : EICSI / European Institute of Innovation & Technology (EIT), 2021.

2. *Top 100 Global Innovators 2019*, de Clarivate Analytics ; *WIPO Technology Trends 2019*, de la World Intellectual Property Organization (WIPO) ; *EconSight* et *PatentSight* pour le journal *Handelsblatt* ; *The Most Innovative Companies 2019*, du BCG (Boston Consulting Group) ; le *GreenBook Research Industry Trends (GRIT) Report: Business & Innovation 2019* ; l'*American Innovation Index* (AII) et le *Social Innovation Index* (SII) 2019.

Stratégie du temps long et approche holistique de l'innovation des entreprises *leaders*

L'orientation résolument de long terme et l'approche holistique (prenant en compte toutes les dimensions de l'innovation) sont les deux éléments les plus marquants des fondamentaux des stratégies d'innovation des grandes entreprises *leaders*. Ces stratégies préexistaient donc à la crise, qui a toutefois servi de révélateur de leur pertinence.

La définition de l'innovation qu'ont ces entreprises n'est pas conjoncturelle. La formalisation qui la résume le mieux et dans laquelle les dirigeants se reconnaissent est celle de Mikko Koria [2] : « L'innovation est l'énergie vitale qui permet à une société de reprendre l'initiative, de ne pas décliner, de se renouveler. » C'est cette énergie vitale qui permet la résilience et entraîne la pérennité de l'entreprise, en renouveau permanent.

Du point de vue des dirigeants, pérennité et innovation sont intrinsèquement reliées et s'alimentent réciproquement. Il y a pérennité parce qu'il y a renouveau permanent par l'innovation, et il n'y a innovation, qui demande des investissements soutenus à long terme, que parce qu'il y a pérennité.

Les grands éléments communs qui se retrouvent dans les fondamentaux de la plupart des entreprises analysées ont été regroupés en six catégories avec indication des valeurs clefs auxquelles ils renvoient le plus souvent (tableau 1, page suivante). Ils sont bien sûr interreliés, avec de nombreuses synergies.

Promotion des employés, confiance et responsabilisation

Le premier facteur tient aux employés, considérés comme l'actif le plus fondamental de l'entreprise et acteurs clefs de son renouveau permanent. Leur promotion par la formation, l'autonomie, la responsabilité et la reconnaissance est déterminante pour la dynamique et l'agilité de l'entreprise. S'y ajoute un pacte social implicite fondé sur le respect, la loyauté, la passion pour le métier et les valeurs de l'entreprise. Cette composante fondamentale de la valorisation des ressources humaines (RH) est d'ailleurs en cohérence avec l'analyse internationale qu'avait réalisée The Economist Intelligence Unit [3]

2. Professeur d'innovation et *design* à l'université d'Helsinki.

3. *The Innovative Company: How Multinationals Unleash their Creative Potential,* The Economist Intelligence Unit, 2015. URL : https://www.innobasque.eus/uploads/attachment_files/innovation_report-pdf-20150415104303.pdf. Consulté le 25 janvier 2022.

Tableau 1. Les composantes génériques à long terme des stratégies d'innovation des entreprises *leaders*

Promotion des employés	**Engagement** Passion Lien affectif Formation Travail en équipe Fierté Respect Loyauté Autonomie Responsabilisation Reconnaissance
	Innovation « totale », tous ensemble
Innovation	**Entrepreneuriat** Ambition R&D, nouvelles technologies Audace Initiative Vision universelle Anticipation Agilité Prise de risque
	Dirigeants visionnaires
Maîtrise du temps long	**Stratégie** *Leadership* Défis Investissement productif Redéploiement « Futurité » Vision à long terme Anticipation Patience Gestion ambidextre
	Autonomie financière
Transmission	**Indépendance** Valeurs Métiers et savoir-faire Préparation Identité Héritage Continuité Conscience d'un devenir Frugalité
	Utilité sociale, philanthropie
Relation harmonieuse à la société	**Responsabilité sociale** Sérénité Apport global et local Discrétion Vision holistique Philosophie Culture Arts appliqués Modestie
	Réputation, notoriété
Intimité avec les clients et fournisseurs	**Excellence** Unicité Produits iconiques *Supply chain* d'excellence Performance Marque Confiance Fidélité Notoriété Coconception

sur le renouveau permanent des entreprises *leaders* mondiales de l'innovation.

Notons qu'avec l'arrivée dans les entreprises d'une nouvelle génération, très exigeante quant aux engagements entre salariés et entreprise, et quant aux valeurs de celle-ci [4], ce pacte a tendance à devenir plus explicite. Selon une étude réalisée en 2021 auprès des diplômés des grandes écoles, ceux-ci indiquent comme critère numéro un de leur choix d'un employeur le fait d'avoir une visibilité sur l'intérêt du travail proposé, et en quoi il participe à la performance de l'entreprise, ainsi que sa politique RH (promotion, bien-être au travail). Suivent la raison d'être réelle de l'entreprise, la finalité première de ses activités, son engagement sur les enjeux environnementaux, humanitaires et philanthropiques.

Ce pacte social d'intérêt commun entre l'entreprise *leader* et ses salariés est fondamental dans un contexte général de tendance au désengagement des employés et alors que « la participation à un

4. *Génération Covid : comment les jeunes talents appréhendent leur avenir ? Consultation auprès des élèves et Alumni des grandes écoles*, BCG / CGE (Conférence des grandes écoles) / Ipsos, 26 mai 2021. URL : https://web-assets.bcg.com/a3/73/46a6545546f1a409abc6a3e7741e/generation-covid-how-do-young-people-in-high-schools-see-their-professional-future.pdf. Consulté le 25 janvier 2022.

projet collectif d'innovation ayant du sens » ressort de l'étude Gallup [5] comme critère d'engagement le plus élevé dans l'entreprise. Cette relation privilégiée n'a évidemment pas été improvisée par les entreprises *leaders* lors de la crise sanitaire, qui a été l'occasion de la mettre à l'épreuve.

Défis de la R&D : investissements lourds et coopérations pour faire face aux enjeux

Le deuxième facteur concerne la dynamique d'innovation, comme démarche permanente et fédératrice, impliquant l'ensemble des collaborateurs. L'initiative, l'audace, « relancer la légende », sont des valeurs très fortes des entreprises *leaders.* Le vecteur clef de cette dynamique est la culture de l'entrepreneuriat au cœur de l'entreprise. Une autre composante forte de la dynamique d'innovation est leur obsession technologique : « avoir toujours une technologie d'avance », qui se traduit par une forte implication en recherche-développement (R&D) sur leur cœur de métier. Notons toutefois que pour cet accès aux meilleures technologies, les entreprises européennes sont plus enclines à développer leurs propres technologies que les entreprises américaines, qui font de façon croissante appel à des technologies extérieures. Ainsi sur une quinzaine d'années, de 1995 à 2018 [6], le nombre d'entreprises américaines figurant dans les 1 000 premières entreprises internationales en termes de dépenses de R&D a baissé de 469 à 350 (moins 119), parallèlement celui des entreprises européennes a progressé de 191 à 252 (plus 61). Cela ne traduit pas un désengagement américain de la R&D privée, mais sa concentration croissante au sein de géants de la technologie, devenus fournisseurs de technologies pour les autres entreprises. Dans un contexte de polarisation technologique mondiale, la question de l'extension de la maîtrise européenne sur les nouveaux champs technologiques est actuellement au cœur des stratégies publiques en discussion avec les grandes entreprises.

Une autre originalité du système européen, notamment franco-allemand, concerne aussi l'importance et l'expansion de la coopération scientifique et technique entre les entreprises et les instituts publics de recherche et de technologie : Max Planck Society,

5. *Cf.* études annuelles de Gallup (*State of the Global Workplace*) et d'ADP (*The Workforce View in Europe*), sur l'engagement dans les entreprises qui montrent cette tendance au désengagement.

6. La Covid-19 ayant retardé la publication de l'étude 2021, 2018 est la dernière année pour laquelle des statistiques soient disponibles. *Source : The Global Innovation 1000,* étude annuelle PwC (PricewaterhouseCoopers). URL : https://www.strategyand.pwc.com/gx/en/insights/innovation1000.html. Consulté le 25 janvier 2022.

Helmholtz Association of German Research Centers et Fraunhofer Institutes en Allemagne ; CNRS (Centre national de la recherche scientifique), CEA Tech (direction technologique du Commissariat à l'énergie atomique et aux énergies alternatives) et centres Carnot en France. Longtemps considérée comme insuffisante et peu efficace en France, la coopération avec les centres de recherche publics s'est fortement accrue et professionnalisée ces dernières années, et est de plus en plus recherchée par les entreprises comme alternative à la dépendance envers les grandes valeurs technologiques américaines ou chinoises. Ainsi, les laboratoires communs de recherche regroupant un ou des laboratoires d'excellence du CNRS dans un domaine donné et ceux de l'entreprise la plus avancée dans ce domaine se sont considérablement développés. Initiés en1982, ils étaient fin 2021 au nombre de 200 et il s'en crée un toutes les deux semaines.

Une vision stratégique et des engagements à long terme au-delà des fluctuations de la conjoncture

Troisième facteur d'innovation et de résilience des *leaders :* la vision à long terme, combinée à l'action à long terme, qui permet de relativiser les crises conjoncturelles. Si beaucoup des responsables rencontrés ont pris d'importantes décisions stratégiques au cœur de la crise, celles-ci avaient été longuement préparées et n'avaient de sens qu'à long terme. C'est le cas notamment de nombreuses fusions-acquisitions (par exemple, en France, fusions Veolia-Suez, Faurecia-Hella, Alstom-Bombardier ou encore Worldline-Ingenico, Bouygues-Equans et bien d'autres). Elles actent des redéploiements stratégiques anticipés de longue date pour atteindre des tailles critiques dans des secteurs en forte expansion.

Cette approche à long terme s'appuie sur une capacité interne de vision prospective ainsi que sur l'intégration de l'analyse des *megatrends* (grandes tendances) qui structurent l'évolution du monde. Cet investissement dans une capacité d'analyse à long terme et d'anticipation est une caractéristique commune des entreprises les plus innovantes, qui leur permet de garder le cap et d'engager de façon précoce des investissements de long terme, comme dans le cas exemplaire du développement durable.

La transmission intergénérationnelle des valeurs, du patrimoine, des savoirs et le renouveau des compétences

Le mélange transmission / renouveau des compétences est une valeur très forte au sein des entreprises *leaders.* Les connaissances

Graphique 1. **Évolution progressive des connaissances et compétences d'une entreprise**

Rôle central de la transmission entre disparition de compétences obsolètes et introduction de compétences nouvelles

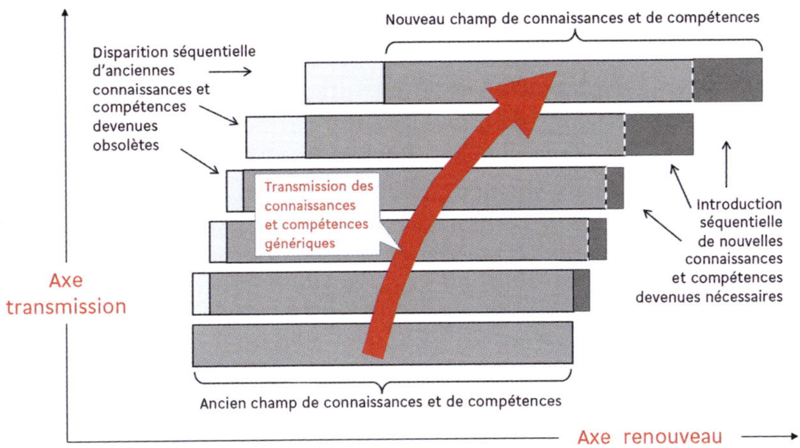

liées aux métiers se sont accumulées au cours du temps. Elles doivent être transmises aux nouvelles générations sous peine de perte de capacité à délivrer l'excellence et à la déployer. Par ailleurs, ces périodes de transmission, notamment par la formation, sont l'occasion d'abandon de connaissances tombées en désuétude et d'intégration de connaissances nouvelles nécessaires à l'évolution des métiers.

Cette gestion dynamique de métiers en perpétuel devenir, qui efface l'opposition entre tradition et innovation, qui évite l'obsolescence des savoirs, est particulièrement développée dans les groupes de luxe et des industries de haute technologie, aéronautique notamment. Elle relativise le concept de « disruption » qui ressort comme une simple perturbation (sens anglais) liée au passage d'une génération technologique à une autre.

La relation harmonieuse à la société, la responsabilité sociale, l'apport au bien commun et aux régions d'implantation

L'utilité sociale de l'entreprise a fait irruption dans l'actualité ces dernières années avec un développement à travers le monde de différents labels d'entreprises dites « contributives », ainsi qu'en France avec la loi PACTE (Plan d'action pour la croissance et la transformation des entreprises) de 2019, qui introduit le concept d'entreprise à mission dans la législation [7]. L'entreprise doit se justifier de son apport au bien commun et de son engagement sur les grands enjeux de société auprès de ses différents partenaires : État, société civile, investisseurs et actionnaires, salariés, clients.

Pour autant, la question de l'utilité sociale n'est évidemment pas nouvelle. Les entreprises *leaders*, qui ont traversé le temps grâce à leur capacité d'adaptation et d'innovation, accordent beaucoup d'importance au maintien d'une relation harmonieuse à la société, pour éviter tout phénomène de rejet qui serait lié à une divergence de valeurs, en sachant que les critères d'utilité sociale eux aussi évoluent selon les transformations de la société, les évolutions politiques et les mouvements sociaux.

L'apport à la société de l'entreprise reste toutefois fondamentalement lié à la pertinence de ses métiers, qui doivent répondre à des attentes réelles (transports, alimentation, accès à l'eau, logement, énergie, loisirs, etc.) et à son apport économique sans équivalent à la société (création de richesse pour ses salariés, ses actionnaires, ses fournisseurs, pour l'État et les organismes sociaux).

Cet apport renvoie également au bilan de la politique de RSE, responsabilité sociale (conditions de travail, non-discrimination, niveaux de rémunération salariale et protection sociale de ses salariés pouvant être étendus aux fournisseurs de l'entreprise) et environnementale (émissions de CO_2, consommation de matières premières non renouvelables, pollution, économie circulaire).

Les 17 objectifs mondiaux de développement humain durable (ODD), popularisés par les idéogrammes de couleur diffusés par l'Organisation des Nations unies (ONU), sont réellement devenus le référentiel de pratiquement toutes ces entreprises *leaders* pour mesurer l'évolution de leur contribution aux grands enjeux de société. Dans ces domaines, ces entreprises les plus innovantes anticipent mieux, toute bataille d'arrière-garde étant considérée comme pénalisante, y compris par leurs actionnaires. Elles vont généralement au-delà des objectifs généraux et réglementations existantes, avec des politiques plus volontaristes qui les démarquent des autres entreprises.

Notons qu'à ce niveau de l'implication dans les 17 ODD, il existe un important écart entre les entreprises européennes, nettement plus

---

7. Sur cet aspect, voir FERONE CREUZET Geneviève et SEGHERS Virginie, « Vers un capitalisme d'intérêt collectif. De la performance financière à l'utilité collective », *Futuribles*, n° 434, janvier-février 2020, p. 5-26 ; et, plus généralement, la série Entreprise et bien commun publiée dans *Futuribles* entre 2018 et 2020, présentée sur le site de la revue. URL : https://www.futuribles.com/fr/entreprise-et-bien-commun/ (NDLR).

avancées, et les entreprises américaines, nettement en retrait. Dans une étude faite à mi-parcours (2020) sur l'état de réalisation de ces objectifs (horizon 2030) dans les entreprises [8], notamment les objectifs clefs (énergie propre, croissance économique porteuse d'emplois décents, industrie, innovation et infrastructures, économie circulaire, et actions pour le climat), les entreprises européennes ressortent comme les plus performantes, avec un taux combiné de réalisation à mi-parcours de 54,9 %, devant le Japon (54,1 %), la Chine (41,2 %) et très loin devant les États-Unis (38,3 %). Notons que la société européenne est aussi la plus mobilisée et exigeante sur ces objectifs, et que les dirigeants des entreprises européennes ont également une bien plus forte conscience de la responsabilité de leur entreprise en ce qui concerne le changement climatique et les inégalités de revenus que les dirigeants américains [9].

Enfin, la plupart des grandes entreprises *leaders* se caractérisent également par une politique philanthropique générale, ou plus ciblée, sur la santé publique, l'art, la culture, les sciences et autres grandes causes, généralement gérées par une ou des fondations d'entreprise.

C'est sur l'ensemble de ces apports qu'est perçue la plus ou moins grande contribution au bien commun des entreprises *leaders*, qui

8. GRASSANO Nicola *et alii*, *The 2020 EU Industrial R&D Investment Scoreboard*, Commission européenne, 2020. URL : https://op.europa.eu/en/publication-detail/-/publication/73e624aa-406c-11eb-b27b-01aa75ed71a1/language-en. Consulté le 25 janvier 2022.

9. *The GLG [Gerson Lehrman Group] CEO [Chief Executive Officers] Survey 2021*, GLG, 2021. URL : https://assets.glginsights.com/wp-content/uploads/2021/01/GLG_CEOSurvey2021_US.pdf. Consulté le 25 janvier 2022.

savent que leur pérennité est étroitement liée à leur engagement démontré sur les grandes causes qui structurent l'évolution de la société.

Une forte tendance pour ces entreprises, dans le cadre d'une vision plus holistique et humaniste de l'innovation, est de regrouper leurs bilans annuels (bilan de gestion, bilan RSE et ODD, bilan des actions philanthropiques des fondations) en un seul, dit « rapport intégré », rassemblant l'ensemble des contributions et innovations réalisées par l'entreprise au service de la société [10].

L'intimité avec les clients et les fournisseurs, traités en partenaires, dans une relation de confiance fondée sur l'excellence et la réputation

Dernier facteur déterminant des stratégies d'innovation à long terme des entreprises *leaders*, la coopération étroite avec les partenaires de la chaîne d'excellence allant des fournisseurs aux clients, en visant un haut niveau de confiance et de fidélité réciproques. C'est-à-dire en amont, avec une *supply chain* nettement plus intégrée que dans la plupart des entreprises (moyens de production propres plus importants, coopération étroite avec des fournisseurs clefs, coconception, gestion de stocks stratégiques).

En aval, l'entreprise innovante pérenne cultive la performance, l'excellence des produits et services, ainsi que la notoriété de ses marques, notamment via la sortie régulière de produits iconiques. L'innovation est un facteur de renforcement de cette relation de confiance : garantie de fourniture de produits et services toujours au meilleur état de l'art. La réalité de ces relations de confiance et de fidélité a été mise en évidence lors de la crise aiguë de la Covid, avec des coopérations étroites inhabituelles entre fournisseurs et clients pour éviter des ruptures d'activité ou la disparition de partenaires d'excellence.

Orientations nouvelles et axes clefs pour l'avenir

Quelles sont les nouvelles orientations et les grands thèmes qui ressortent des stratégies d'innovation des *leaders* européens ? Quels objectifs 2022-2030, voire à l'horizon du « Net Zéro » (zéro émission nette) 2050 ?

---

10. Exemple du Rapport intégré 2020 du groupe Bouygues, *Donnons vie au progrès*. URL : https://www.bouygues.com/wp-content/uploads/2021/02/rapport-integre-2020.pdf. Consulté le 25 janvier 2022.

L'impact de la crise Covid-19 sur l'innovation : une approche plus stratégique, une vision plus sociétale, une gestion plus coordonnée, un engagement de tous et une coopération élargie

En premier lieu, il ressort que dans les définitions des actions d'innovation prioritaires pour l'avenir, il n'y a pas de changements radicaux par rapport aux fondamentaux des stratégies d'innovation, précédemment présentés, qui ont fait leurs preuves, mais plutôt un renforcement. Ainsi, le message sur lequel s'accordent des nombreux PDG qui ont participé à l'enquête traduit cette continuité : « pour l'avenir, l'innovation devra impérativement impliquer toute l'entreprise, s'appuyer sur une connaissance profonde de son ADN, être ambitieuse et viser le long terme ».

Si la capacité d'innovation des entreprises préexistait à la crise Covid, celle-ci a eu toutefois un impact significatif sur sa gouvernance. Dans un contexte de menace immédiate sur leur activité, nombre d'entreprises, à l'image de l'État et de son « Conseil de défense », ont mis en place des cellules de crise et autres formes de pilotage resserré regroupant les fonctions stratégiques, pour des prises de décisions rapides.

Selon la majorité des PDG, si l'innovation est le moyen clef d'atteindre les objectifs stratégiques, elle nécessite de mobiliser et coordonner toutes les grandes fonctions de l'entreprise pour se déployer avec la rapidité et l'ampleur souhaitées. Pour ce faire, le format de gestion plus resserré est généralement resté en place.

La vision du futur : objectifs 2030 et horizon Net Zéro 2050

Toutes les entreprises *leaders* ont actuellement les yeux fixés sur les objectifs 2030, date de rencontre de pratiquement tous les engagements réciproques entre États, entreprises et organisations non gouvernementales (ONG). C'est le cas des fameux 17 objectifs mondiaux de développement humain durable, référence réelle et concrète de tous les acteurs, mais aussi du vaste programme *Horizon Europe* ou du Plan de de relance en France, ciblés également sur 2030. C'est l'objectif à moyen terme sur lequel les entreprises peuvent raisonnablement s'engager sur des objectifs chiffrés, avec évidemment des marges d'incertitude.

Mais au-delà des « objectifs 2030 », la référence « horizon 2050 » est pratiquement toujours évoquée comme date un peu mythique de la réconciliation possible du monde industriel avec la planète. Cet horizon qui vise à une neutralité carbone dite « Net Zéro » per-

Graphique 2. **Les grandes thématiques qui structurent actuellement les démarches d'innovation des entreprises *leaders* en Europe (2022-2030)**

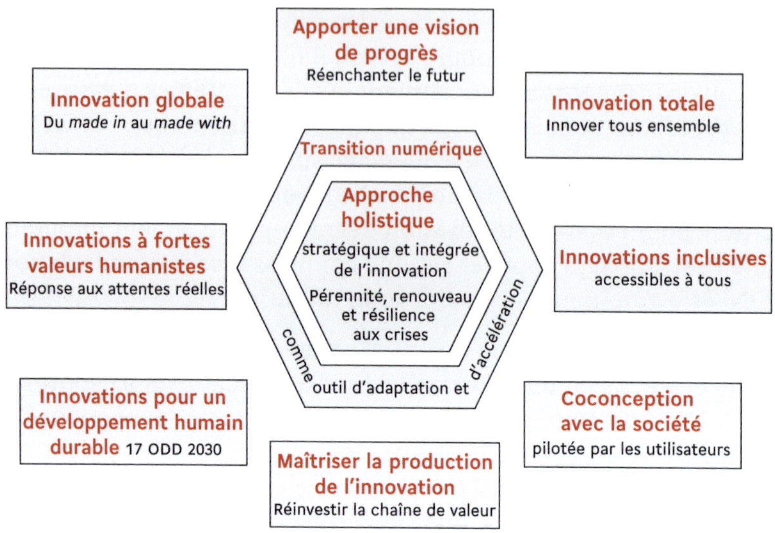

met de placer une note d'espoir à long terme justifiant les efforts demandés à court et moyen termes. Si 2050 est la date la plus citée, certaines entreprises à activités peu émettrices de CO_2 s'engagent sur un Net Zéro à plus court terme : 2035 et 2040. Concernant les États, la grande majorité des pays développés se sont engagés également, lors de la 26e Conférence des parties à la Convention-cadre des Nations unies sur les changements climatiques (COP26), à une neutralité carbone à l'horizon 2050. Mais des pays en développement ou émergents ont considéré qu'il leur faudrait plus de temps. Ainsi, la Chine ne s'est engagée à une neutralité carbone qu'en 2060 et l'Inde en 2070.

Bien évidemment, pour chaque entreprise, les objectifs varient considérablement selon son secteur, ses produits et services. Pour ne pas partir dans un inventaire impossible de toutes ces spécificités sectorielles, nous ne retiendrons que les éléments génériques transverses à ces stratégies, qui de ce fait peuvent paraître un peu théoriques alors qu'ils ne le sont pas, étant définis au contraire de façon très concrète et pragmatique en termes de performance, de coûts objectifs, de bilans carbone, de faible impact environnemental, d'accessibilité, de coût d'exploitation, d'économie circulaire, de part de marché, de gammes, etc.

Les 10 axes clefs des stratégies d'innovation

Dix grands axes structurent les stratégies d'innovation actuelles (il n'y a pas de hiérarchie dans l'ordre de la présentation de ces axes) :

1. Renforcement de l'approche holistique stratégique et intégrée de l'innovation au niveau du comité exécutif, comme vecteur clef de la dynamique à long terme de l'entreprise, avec l'ensemble des fonctions clefs. Il y a regroupement de fonctions support si nécessaire (stratégie, R&D / innovation, RSE notamment). L'objectif est d'obtenir un déploiement rapide des innovations sur l'ensemble de l'activité et des territoires de l'entreprise.

2. Nécessité d'apporter une vision de progrès, de « réenchanter le futur ». Expliciter pour ses partenaires la vision à moyen-long terme de l'entreprise, sa stratégie globale d'innovation et sa feuille de route. Démontrer la cohérence de la stratégie de l'entreprise avec les *megatrends* et grandes transitions de la société, son apport au bien commun et sa contribution à la résolution des grands problèmes qui la concernent. Face à l'ampleur des défis et des besoins d'investissements sur la longue période, démontrer nécessairement sa résilience aux risques et aux crises, sa cohérence, validant son rôle d'acteur crédible qui justifie la confiance et les investissements de ses partenaires.

3. Innovation globale : « du *made in* au *made with* ». Dans un monde qui tend à se refermer, il existe beaucoup d'inquiétude au niveau des entreprises *leaders* européennes — et notamment françaises, les plus « multinationalisées » de la planète avec pas moins de 48 200 filiales à l'étranger [11]. Pratiquement toute la croissance économique potentielle se fera à l'extérieur de l'Europe, notamment chez les émergents, avec l'arrivée progressive de deux milliards de personnes dans la classe moyenne au cours des 10 prochaines années. Les innovations se feront donc en grande partie pour eux et avec eux. La répartition internationale des activités à venir (R&D, production, équilibres exportation versus coconception et coproduction sur place) est une question clef. Toute stratégie d'innovation est donc aussi une stratégie d'internationalisation, d'où la relation directe aux stratégies de fusions-acquisitions, très actives pour consolider des écosystèmes d'innovation internationalisés.

4. Innover tous ensemble : « Innovation totale ». La mobilisation de tous au sein de l'entreprise par les projets d'innovation est un

11. *Cf.* DAURÉ Nicolas, « Les firmes multinationales françaises en 2019 : 48 200 filiales à l'étranger », *INSEE [Institut national de la statistique et des études économiques] Focus*, n° 252, 20 octobre 2021.

leitmotiv de beaucoup de dirigeants. Le fait est que cela fonctionne plutôt bien. L'intelligence collective et la gestion en mode projet sont très mobilisatrices et renforcent le lien de confiance employés / entreprise. Il y a également élargissement de cette mobilisation aux partenaires de l'entreprise. L'ampleur des défis et des moyens à mobiliser (R&D, investissements de production) nécessite en effet des coopérations accrues à la fois inter-organisations et internationales, avec pour objectif des entreprises *leaders* de se situer au cœur des écosystèmes d'innovation et d'en être les animateurs dans tous les champs qu'elles considèrent comme stratégiques.

5. Dépasser les approches technico-fonctionnelles pour aller vers des innovations à plus fortes valeurs humanistes visant à satisfaire les attentes réelles et les ressentis humains les plus élevés est aussi un objectif important. Aller au-delà de la demande et des besoins nécessite de viser les attentes, souhaits et envies, et même au-delà, les désirs, rêves et idéaux. D'où des approches plus philosophiques, anthropologiques et sociologiques : démarches dites le plus souvent « Remettre l'humain au centre ».

6. Développer des innovations inclusives, accessibles à tous, c'est-à-dire destinées à des populations ayant des pouvoirs d'achat inférieurs à ceux de la base de clients historiques, et qui leur soient donc réellement accessibles, abordables et disponibles. L'offre européenne en général, et française en particulier, souffre de coûts et donc de prix trop élevés par rapport au pouvoir d'achat moyen international qui détermine l'essentiel de la croissance économique future. La seule spécialisation sur le luxe n'est pas suffisante, réaliser et produire à des prix plus accessibles (*design to cost*) est un immense défi qui oriente fortement les nouveaux projets d'innovation.

7. Innovations pour un développement humain durable en respect des 17 ODD à l'horizon 2030 [12]. La conformité avec les objectifs mondiaux de développement durable est un but largement partagé par les entreprises, avec le grand avantage d'un référentiel commun, de multiples travaux sectoriels et régionaux leur permettant de se situer de façon absolue et relative par rapport aux autres. Si les entreprises européennes s'avèrent les plus performantes dans la réalisation de ces objectifs [13], c'est également parce que les exi-

12. Objectifs adoptés par tous les pays de l'ONU, des dizaines de milliers d'entreprises, dont pratiquement toutes les entreprises cotées et des milliers d'ONG.

13. GRASSANO Nicola *et alii*, *op. cit.*

gences de leurs populations (et par effet induit des réglementations locales) dans ce domaine sont aussi les plus élevées du monde.

Ce qui inquiète beaucoup d'entreprises tient au fait que dans de nombreux pays — notamment États-Unis et certains émergents — ces préoccupations sont nettement moins importantes, et que cela risque d'amplifier des distorsions de concurrence, sauf accords globaux difficiles à négocier et encore plus à contrôler, pour les produits importés (analyse aux frontières et taxes en fonction du contenu en émissions de CO_2) et encore plus pour les services. D'où le défi d'être à la fois engagé sur le développement durable, compétitif, mais aussi protégé.

8. Coconception avec la société, pilotée par les utilisateurs. « Rien de ce qui me concerne, qui est conçu sans moi, n'est vraiment fait pour moi. » Ce thème de la transition du consumérisme vers la prise d'initiative s'est considérablement étendu. Les communautés d'utilisateurs deviennent de plus en plus des partenaires actifs de la conception des innovations qui les concernent. Les entreprises *leaders* accélèrent les partenariats sur ce nouvel axe de coopération et de coconception qui nécessite des rapprochements avec des communautés d'utilisateurs, des associations, des ONG.

9. Maîtriser la production des innovations, réinvestir la *supply chain.* La crise de la Covid-19 a mis en évidence la fragilité de chaînes d'approvisionnement hyper-internationalisées et gérées en flux tendus, non seulement pour les produits médicaux, mais aussi pour de nombreux autres biens. Début 2022, plusieurs milliers de produits, systèmes, équipements, composants, matières premières brutes ou transformées, faisaient l'objet de pénuries et de ruptures de stock à travers le monde, affectant pratiquement tous les secteurs. Cette crise est liée à des baisses de production résultant des mesures sanitaires dans de nombreux pays, ainsi qu'à l'explosion de la demande de biens liés aux nouvelles pratiques comme le télétravail ou les véhicules connectés, par exemple. Cela a déstabilisé le marché des composants électroniques dont la production n'avait cessé de se concentrer ces dernières années sur une demi-douzaine de fournisseurs incapables de répondre à court-moyen terme à ce sursaut de la demande. S'ajoutent à ce problème les tensions géopolitiques de refus d'interdépendance entre pays politiquement divergents et de recherche d'autonomie sur les secteurs stratégiques.

En conséquence, la sécurisation des chaînes d'approvisionnement est devenue, pour les *leaders* européens, un objectif d'innovation en tant que tel, particulièrement complexe car nécessitant de très importants investissements, ainsi que la mise en place de coopérations nouvelles intraeuropéennes.

10. Mieux utiliser la transition numérique comme outil d'adaptation et d'accélération. Accélérer la transition numérique est souvent présenté comme la solution à tous les maux, et les plans nationaux d'aide à l'accélération de la diffusion du numérique dans les entreprises et administrations ne manquent pas.

De fait, les technologies numériques fournissent de multiples solutions d'optimisation de l'existant et de support à de nombreux nouveaux services. La crise de la Covid a confiné plus de deux milliards de personnes sur des durées plus ou moins longues, et obligé des centaines de millions de personnes à passer en télétravail. Cette diffusion du numérique à marche forcée n'a pas eu que des conséquences positives et, de façon plus générale, beaucoup de projets en ce sens ont donné des résultats plutôt décevants. Le problème est surtout lié à une mauvaise intégration, dans ces processus de diffusion du numérique, de la culture de l'entreprise mais aussi des facteurs humains, tant des salariés que des clients, ainsi qu'à une certaine banalisation de l'offre de l'entreprise via les solutions *standards* liées au numérique.

D'où un axe d'innovation fort chez les *leaders* visant à faire le point sur l'acquis et les progrès réalisés grâce à la diffusion du numérique, mais aussi sur les insuffisances et problèmes rencontrés après cette phase d'accélération, pour mieux intégrer les meilleures solutions numériques possibles au service de l'excellence de l'entreprise dans ses différentes facettes. ■

La pêche et les éco-systèmes marins : deux scénarios

Par Didier Gascuel [1]

La fin de l'année 2021 a été particulièrement marquée par les différends entre la France et le Royaume-Uni concernant les modalités de pêche post-Brexit dans les eaux séparant leurs territoires. On a pu voir combien l'accès aux ressources halieutiques constituait un enjeu stratégique pour les acteurs concernés. Il est vrai que dans le contexte du changement climatique et de décennies de pêche non raisonnée, le secteur de la pêche est en proie à d'importantes évolutions. C'est ce que montre ici Didier Gascuel, dans le cadre de la série consacrée à la mer et aux océans lancée dans nos colonnes à l'été 2020.

Après avoir rappelé les tendances passées (marquées par une surexploitation croissante des ressources et des écosystèmes marins), il montre comment les choses ont évolué dans les années récentes, permettant de mieux encadrer et réguler les activités de pêche. Mais si la surexploitation marque le pas, manque encore une approche écosystémique pour enclencher une véritable résilience des milieux marins. Peut-elle advenir ? Se projetant à l'horizon 2050, Didier Gascuel propose ici deux scénarios pour la pêche et les écosystèmes marins. Le premier (celui du pire) nous replace dans une surpêche généralisée, sans outils de contrôle significatifs ni implication sociopolitique pour la réguler, le tout aggravé par le changement climatique. Le second, le plus vertueux, est celui de la « pêchécologie » dans lequel, sur le modèle de l'agroécologie, le secteur s'engage dans une gestion de la pêche et des ressources marines en synergie avec les nécessités écologiques et environnementales. Ce scénario, de loin le plus souhaitable dans une perspective de préservation des ressources halieutiques (et à plus long terme de notre propre écosystème), exige une forte mobilisation politique et sociale à l'échelle mondiale, mais il peut devenir réalité, en particulier si l'Union européenne s'en empare. S.D.

1. Professeur d'écologie marine et directeur du Pôle halieutique, mer et littoral à l'Institut Agro de Rennes ; membre du Conseil scientifique de l'Ifremer (Institut français de recherche pour l'exploitation de la mer) et du Conseil scientifique, technique et économique des pêches (CSTEP / STECF [Scientific, Technical and Economic Committee for Fisheries]) de l'Union européenne ; auteur de *Pour une révolution dans la mer. De la surpêche à la résilience*, Arles : Actes Sud (Domaine du possible), 2019.

La pêche maritime est aujourd'hui identifiée comme la première source d'impact sur la biodiversité de l'océan [2]. Progressivement, elle a vidé la mer d'une partie de ses ressources et perturbé en profondeur le fonctionnement des écosystèmes. La période actuelle est une course de vitesse. D'un côté, des mesures de gestion de plus en plus fortes sont mises en œuvre pour reconstruire des écosystèmes sains, productifs et résilients. De l'autre, de nouveaux impacts et de nouvelles menaces se font jour et pourraient bien compromettre les quelques progrès enregistrés. Avant d'imaginer des scénarios prospectifs, il est utile de revenir sur les dynamiques du passé et sur les tendances du présent.

La dynamique de la surexploitation

Depuis l'origine, le processus est le même : le premier pêcheur rajoute à la mortalité naturelle une mortalité anthropique, et fait ainsi diminuer l'abondance des vieux et gros poissons. Il n'y a pas de pêche sans impact. Dans un premier temps, la nature sait réagir. La baisse d'abondance de la ressource exploitée réduit la compétition entre les poissons survivants. Elle améliore ainsi leur survie naturelle et parfois leur fécondité. Dès lors, un nouvel équilibre s'instaure, qui intègre la présence de l'homme. La population continue à se renouveler, même si les vieux et gros poissons se font plus rares.

Les capacités de réaction de la nature ont cependant leurs limites. Lorsque la pression de pêche devient trop forte et l'abondance des géniteurs trop faible, alors les capacités de renouvellement de la population sont affectées. C'est cette fois-ci le nombre de jeunes poissons qui diminue, et par un effet en cascade la population peut s'effondrer.

Très tôt, les hommes ont compris que la pêche de l'un affectait les prises de l'autre. Curieux secteur économique où chaque arrivée d'un travailleur supplémentaire réduit les revenus de ceux déjà présents. Aussi loin que l'on remonte dans l'Histoire, des règles se sont imposées afin de réguler autant que faire se peut les conflits d'usage. Elles visaient en particulier à limiter l'accès à la ressource à un nombre restreint d'ayants droit, et souvent à limiter les moyens de capture de chacun.

Nul n'a cependant su arrêter le génie imaginatif des humains et la course folle à des engins de pêche de plus en plus efficaces. Au

2. IPBES (Intergovernmental Science-Policy Platform on Biodiversity and Ecosystem Services), *Global Assessment Report on Biodiversity and Ecosystem Services: Summary for Policymakers*, Bonn : IPBES, 2019.

© DreamStoreCo / Shutterstock

fur et à mesure que les techniques de pêche évoluaient, des pêcheurs ont protesté contre des innovations jugées destructrices, avant de les adopter eux-mêmes ou d'être éliminés par la sélection darwinienne du progrès. Et les espèces marines ont été surexploitées les unes après les autres. D'abord les plus fragiles, les mammifères marins, certains bancs de coquillages, les espèces cantonnées sur l'estran ou à proximité des côtes, celles à fécondité faible. Les pêcheurs s'adaptaient, en allant de plus en plus loin, en exploitant des espèces nouvelles, ou en inventant de nouveaux engins encore plus efficaces.

Longtemps, la majorité des espèces du large, notamment les grands stocks de poissons, est restée peu affectée, en raison de l'incapacité des pêcheurs à en prélever chaque année une fraction réellement importante. Ce n'est pas la sagesse des humains — dès la préhistoire, ils ont vraisemblablement massacré à coups de gourdin les grandes colonies de phoques présentes sur nos côtes — mais la faiblesse de leurs moyens de capture et la très forte fécondité des organismes marins qui expliquent la résilience des ressources et des pêcheries jusqu'à une période relativement récente.

Comme dans beaucoup d'autres secteurs, la révolution industrielle a cependant marqué un tournant. À la fin du XIXe siècle, la motorisation s'impose dans toutes les pêcheries européennes et sur les côtes américaines. La taille et la puissance des engins de pêche s'accroissent alors vertigineusement. Le moteur permet notamment le développement du chalut, un engin aujourd'hui dominant et par ailleurs très discuté en raison de ses impacts sur les fonds marins. En quelques décennies, la production de la mer du Nord est par exemple multipliée par deux, au prix d'une diminution de la ressource exploitée, divisée approximativement par trois [3].

3. THURSTAN Ruth H., BROCKINGTON Simon et ROBERTS Callum M., « The Effects of 118 Years of Industrial Fishing on UK Bottom Trawl Fisheries », *Nature Communications*, vol. 1, article n° 15, 2010.

L'intensification s'accélère après la Seconde Guerre mondiale et pendant la période dite des Trente Glorieuses. Les États encouragent le développement de grandes flottilles de pêche industrielles. De nouveaux engins de pêche sont alors inventés et les bateaux s'équipent de sonars pour repérer les bancs de poissons sous l'eau. L'exploitation s'étend progressivement à l'ensemble de l'océan mondial, et à un nombre d'espèces de plus en plus grand.

La production augmente rapidement, mais dès les années 1970, elle atteint un plateau dans l'Atlantique, au moment où commencent à se multiplier les situations de surexploitation. Le même processus se répète quelques décennies plus tard dans l'océan Pacifique puis dans l'océan Indien. On admet ainsi que le pic de production de la pêche en mer est derrière nous. Il a été atteint en 1996, avec une production mondiale estimée à 86 millions de tonnes d'après les déclarations officielles [4], et pourrait avoir atteint 130 millions de tonnes en intégrant les captures non déclarées et les rejets [5]. Depuis, la production est au mieux stagnante, au pire en régression d'environ 1 % par an. Et l'abondance des poissons présents sur le fond, comparativement à une situation sans pêche, a été divisée au moins par cinq, et plutôt par 10 ou plus pour les prédateurs et les grandes espèces, ou dans les écosystèmes les plus exploités.

Premier succès et nouvelles menaces

L'histoire des pêches au XXe siècle est aussi celle de la lente et balbutiante mise en place d'un système collectif de gestion. Dès les années 1930, des scientifiques ont alerté et appelé à la limitation des moyens de capture. Mais il a fallu de longs débats, un changement progressif de mentalités et pratiques parfois millénaires, la patiente construction de normes de bonne gestion et d'un système de gouvernance international, pour que progressivement se mettent en place des régulations enfin un tant soit peu efficaces. Pendant ce temps, la surexploitation se généralisait. Les impacts infligés aux espèces exploitées et aux habitats marins se répercutaient à l'ensemble des compartiments du vivant, conduisant à des écosystèmes marins fragilisés, globalement moins productifs et plus instables.

4. FAO (Organisation des Nations unies pour l'alimentation et l'agriculture), *La Situation mondiale des pêches et de l'aquaculture. La durabilité en action*, Rome : FAO, 2020. URL : http://www.fao.org/3/ca9229fr/ca9229fr.pdf. Consulté le 6 janvier 2022.

5. PAULY Daniel et ZELLER Dirk, « Catch Reconstructions Reveal that Global Marine Fisheries Catches Are Higher than Reported and Declining », *Nature Communications*, vol. 7, article n° 10244, 2016.

© Beneda Miroslav / Shutterstock

L'Europe, sans doute parce qu'elle était un espace politique en construction, est longtemps restée le mauvais élève de la classe des pays industrialisés. Il a fallu y attendre la fin des années 1990 et une situation de crise économique avérée, pour que des mesures énergiques soient prises et que la surexploitation recule enfin. Les flottilles de pêche ont été réduites et les moyens de contrôle renforcés. Une politique de limitation stricte des captures a ainsi pu s'imposer, avec la mise en place de quotas de pêche qui s'appuient de mieux en mieux sur les avis scientifiques.

Les résultats obtenus sont spectaculaires. Depuis une petite vingtaine d'années, sur la façade atlantique européenne, la pression de pêche a été divisée par presque deux. La proportion des stocks surexploités est passée de 90 % à 40 %, et l'abondance moyenne des espèces pêchées est remontée de près de 40 % [6]. Dans le même temps, la rentabilité économique des entreprises de pêche s'est améliorée.

Des résultats sensiblement équivalents ont été obtenus dans la plupart des grands pays industrialisés. La pêche y est aujourd'hui une activité largement contrôlée et l'abondance de la ressource est globalement en augmentation. Preuve est ainsi faite qu'il est possible d'inverser la tendance et de revenir à des états de nature plus favorables, dont les humains sont les premiers bénéficiaires.

Pour autant, ces progrès sont insuffisants. D'abord parce qu'ils ne concernent guère que les pays développés. Faute de volonté politique et de moyens de contrôle appropriés, la situation reste catastrophique en Méditerranée, en Asie et dans de très nombreux pays en développement. À l'échelle mondiale, la pression de pêche continue à augmenter, alors même que les captures sont orientées à la baisse. Et il existe de larges zones de non-droit où certaines flottilles opèrent en toute illégalité.

---

6. JARDIM Ernesto *et alii*, *Monitoring the Performance of the Common Fisheries Policy (STECF-Adhoc-20-01)*, STECF (CSTEP) / JRC (Joint Research Centre), 2020. URL : https://op.europa.eu/fr/publication-detail/-/publication/52ca7c1b-8377-11ea-bf12-01aa75ed71a1. Consulté le 6 janvier 2022.

Même dans les pays où la situation est jugée favorable, la politique de régulation mise en place est insuffisante. Elle vise en effet à assurer le renouvellement de chacune des populations exploitées, mais en admettant pour chacune d'elles un impact qui reste très important, et sans prendre en compte les interactions entre espèces. À cette vision dite « monospécifique », les scientifiques savent qu'il faut substituer une approche écosystémique. Elle seule peut prendre en compte les impacts sur les fonds marins, sur les chaînes alimentaires, sur la biodiversité génétique ou fonctionnelle à l'échelle de l'ensemble des compartiments de l'écosystème.

La mise en œuvre de cette approche écosystémique est d'autant plus urgente que frappent violemment à la porte d'autres enjeux et d'autres impacts. La biodiversité marine est menacée par les invasions biologiques, par la dégradation des habitats côtiers, par diverses pollutions (il n'y a malheureusement pas que le plastique !), et par-dessus tout par les impacts grandissants du changement climatique. Face à la vague qui se lève, il y a urgence à reconstruire des écosystèmes résilients.

De notre capacité à mettre en place l'approche écosystémique et à nous adapter aux enjeux émergents dépendent l'avenir du secteur des pêches et, plus généralement, notre relation à l'océan. Pour mieux identifier les menaces qui pèsent aujourd'hui sur le secteur et les leviers à actionner, imaginons ici deux scénarios extrêmes, plausibles à l'horizon 2050.

Premier scénario : 2050, la surpêche généralisée

Dans ce scénario du pire, la tendance vertueuse, observée depuis les années 2000 dans la plupart des pays industrialisés, s'est inversée. Plus que jamais, la surexploitation s'étend et les ressources naturelles se raréfient. Sous les coups de boutoir de la surpêche, du changement climatique et de pollutions croissantes, les événements écologiques chaotiques se multiplient : effondrements brusques de certains stocks, *blooms* de méduses et d'espèces opportunistes, épizooties et pollutions chroniques, développement des zones mortes de l'océan... Les quotas de pêche sont en diminution et présentent une variabilité interannuelle extrêmement forte, ce qui rend leur application et leur contrôle très aléatoires.

Au sud, la pêche illégale se généralise. Au nord, la petite pêche artisanale a pratiquement disparu, et avec elle toute une économie du littoral. Le secteur est désormais dominé par quelques armements internationaux, opérateurs d'un petit nombre de très grands

Bloom de méduses © Divedog / Shutterstock

chalutiers industriels, qui dégradent toujours plus les fonds marins et la biodiversité. Une part croissante de la production est destinée à la fabrication de farine de poissons, afin de fournir en aliments une aquaculture intensive en plein développement malgré ses évidents impacts écologiques.

Plusieurs processus peuvent concourir à ce qu'advienne un tel scénario :

Le recul de l'engagement des responsables politiques, en lien avec les difficultés économiques du secteur. Les menaces qui planent sur la rentabilité économique de la pêche sont nombreuses. Une crise sanitaire qui se prolonge désorganiserait la production autant que le marché des produits de la mer. La hausse du prix du carburant apparaît probable à terme, alors même qu'il représente une part essentielle des coûts de production. Au nord, le développement rapide des régimes flexitariens ou *vegan* pourrait faire fléchir la demande. Au sud, la démographie et la pauvreté poussent à l'accroissement démesuré de la pression de pêche.

Face aux difficultés économiques immédiates, il est tentant pour les politiques de remettre éternellement au lendemain les mesures de limitation de la pêche que l'on sait nécessaires pour améliorer la situation des ressources et des pêcheries. En s'amplifiant, un tel mouvement pourrait engendrer une très puissante spirale du déclin. Plus la surexploitation s'aggrave, plus les mesures à prendre sont douloureuses, et plus il est tentant de les remettre à plus tard, au risque d'aggraver encore la surexploitation.

L'accélération du changement climatique et les effets synergiques des impacts anthropiques. Les modèles scientifiques aujourd'hui disponibles montrent que la hausse des températures pourrait conduire en 2050 à une baisse de plus de 10 % de l'abondance totale des organismes marins exploités par la pêche [7].

7. PONTAVICE Hubert (du) *et alii*, « Climate-induced Decrease in Biomass Flow in Marine Food Webs May Severely Affect Predators and Ecosystem Production », *Global Change Biology*, vol. 27, n° 11, juin 2021, p. 2608-2622.

Globalement, on s'attend à une baisse de la biodiversité marine, avec pour corollaire une plus grande sensibilité aux épizooties, aux pollutions chroniques, ou au *bloom* d'espèces opportunistes. Des effets de synergie, particulièrement complexes à anticiper, pourraient conduire à des phénomènes de basculement (*shift*), voire d'effondrement des écosystèmes.

Il est probable que les pêcheurs sauront s'adapter et changer d'espèces cibles au fur et à mesure des changements de leur répartition spatiale. En revanche, la baisse globale de la ressource, dans une double situation de changement climatique et de surpêche, serait évidemment plus problématique. Et surtout, une variabilité interannuelle accrue et la multiplication d'événements chaotiques pourraient compromettre la viabilité économique du secteur, et déstabiliser complétement le système d'avis scientifiques et de gestion des pêches aujourd'hui en place. Une spirale d'impacts écologiques croissants pourrait ici s'enclencher. La rareté de la ressource conduirait à l'utilisation d'engins de plus en plus puissants et au ciblage d'espèces proies ou d'invertébrés marins aujourd'hui peu ou pas pêchés. On assisterait dès lors à une déstabilisation croissante du vivant, avec en retour une incitation à pêcher toujours plus pour compenser, quitte à augmenter encore les impacts.

La montée des tensions internationales et la désorganisation de la gouvernance internationale des pêches. Les difficultés économiques du secteur pourraient être un facteur d'accroissement des tensions internationales, conduisant à l'échec des négociations en cours sur la gouvernance de la haute mer [8], et à la remise en cause du fonctionnement des organisations internationales de gestion des pêches. Faute de consensus, les quotas de pêche ne seraient plus fixés pour certaines grandes espèces migratrices comme les thons. L'effondrement du système de gestion laisserait le champ libre aux flottilles de pêche illégales.

En Europe, les négociations post-Brexit pourraient s'exacerber. Le gouvernement britannique, soucieux d'offrir à son opinion publique une victoire symbolique sur la pêche, exclurait progressivement l'ensemble des bateaux européens (au premier rang desquels, les français) de la totalité de ses eaux. Il revendiquerait un nouveau partage des quotas de pêche, lesquels, faute d'accord, pourraient être fixés très au-delà des recommandations scientifiques. De telles évolutions

8. Ces négociations, dites BBNJ (Biodiversity Beyond National Jurisdiction), visent notamment à renforcer la gouvernance de la haute mer en matière de protection de la biodiversité, en prévoyant par exemple des mécanismes d'instauration d'aires marines protégées.

auraient des répercussions dramatiques sur les flottilles de pêche françaises, et en particulier sur le secteur de la pêche artisanale.

Le « lâchage » de l'opinion publique et le triomphe d'une vision ultralibérale du secteur. Dans un pays comme la France, la pêche n'est pas seulement destinée à fournir des protéines alimentaires ; elle joue également un rôle stratégique en matière d'aménagement des territoires côtiers. Ceci justifie le maintien d'une pêche artisanale dynamique, laquelle bénéficie par ailleurs d'une image très positive dans l'opinion publique. *A contrario,* que ce segment soit affaibli par les évolutions précédemment citées, et que la pêche s'enfonce globalement dans une logique de surexploitation pourraient conduire à un rejet global d'une activité jugée en décalage avec les attentes de la société.

Plus rien ne s'opposerait alors à un désengagement massif de la puissance publique et à une régression drastique du secteur. Comme dans d'autres pays, la priorité serait donnée à une pêche plus industrielle, coupée de toute attache sociale ou culturelle au territoire, et mandatée avant tout pour fournir à la population des protéines bon marché, fût-ce au prix d'une nouvelle régression des *standards* de durabilité écologique. La voie s'ouvrirait à la vision cauchemardesque d'un océan du futur sillonné par quelques navires usines gigantesques, produisant principalement du pâté de zooplancton et des granulés de vers marins, au mépris du chaos engendré dans le fonctionnement des écosystèmes marins.

Second scénario : 2050, la « pêchécologie »

Un autre scénario est évidemment possible. Imaginons un instant la mise en place de quelques réformes structurelles majeures, d'ores et déjà évaluées par les scientifiques, qui nous conduiraient progressivement à l'avènement de ce que l'on appellera ici, par analogie avec le terme agroécologie, la « pêchécologie ». Imaginons en particulier que la réforme de la politique commune de la pêche (PCP) de l'Union européenne, attendue en 2023 ou 2024, inclue six changements décisifs :

L'augmentation des maillages. S'appuyant sur les conclusions du groupe d'experts mis en place en 2021 au sein du Conseil scientifique des pêches [9], un plan d'augmentation massif des maillages

9. KRAAK Sarah B.M., WINKER Henning et HEKIM Zeynep (sous la dir. de), *Review of the Technical Measures Regulation (STECF-21-07),* STECF (CSTEP) / JRC, 2021. URL : https://stecf.jrc.ec.europa.eu/documents/43805/8504312/STECF+21-07+-+Rev+TM+Reg.pdf. Consulté le 7 janvier 2022.

Pêche traditionnelle (Birmanie) © Shanti Hesse / Shutterstock

réglementaires des engins de pêche est mis en place. En mer du Nord, par exemple, le maillage des chaluts de fond à poissons passe de 100 à 140 millimètres, et celui des chaluts à langoustines de 70 à 100 millimètres. Cette modification laisse s'échapper les spécimens les plus jeunes. Elle entraîne donc *a priori* des pertes de captures à court terme. Assez vite cependant, les jeunes poissons et langoustines ayant grandi, ils se retrouvent de nouveau dans les filets de pêche. Les évaluations montrent qu'on peut ainsi maintenir les captures, tout en réduisant très fortement l'impact sur chacune des populations exploitées. En outre, plus de classes d'âge présentes dans l'eau impliquent plus de stabilité des biomasses et une plus grande diversité génétique des populations.

L'introduction de cibles de gestion plus précautionneuses. Les quotas de pêche sont aujourd'hui calculés avec l'objectif d'atteindre à moyen terme ce qu'on appelle le « rendement maximum durable ». Cette norme, basée sur les vieilles approches monospécifiques, vise à maximiser les captures à long terme mais admet une réduction très importante des biomasses exploitées, incompatible avec l'approche écosystémique des pêches. Dans le cadre d'une PCP réformée, de nouvelles normes seraient adoptées, visant à réduire ces impacts, tout en améliorant la rentabilité économique des pêcheries. Choisir une capture cible légèrement plus faible, par exemple 90 % du maximum visé aujourd'hui, serait suffisant pour réduire de 30 % à 50 % (selon les espèces) la pression de pêche et les coûts d'exploitation. Les simulations montrent que ces deux mesures cumulées, augmentation des maillages et cibles de gestion plus précautionneuses, conduiraient à des biomasses multipliées par deux ou trois pour chacun des principaux stocks exploités, bien au-delà donc d'une simple compensation des effets attendus du changement climatique.

La gestion par flottille. Une PCP réformée, soucieuse de l'approche écosystémique des pêches et du développement durable des territoires côtiers, se doit également d'organiser la mise en place d'une gestion incitative à l'échelle des différentes flottilles de pêche. À cette fin, une part significative des quotas de pêche serait distribuée au prorata des performances environnementales, mais aussi économiques et sociales, de chacune d'elles. Les critères et modalités d'attribution, discutés au sein des comités consultatifs (qui associent déjà pêcheurs, organisations non gouvernementales et scientifiques), seraient formalisés dans le cadre des plans de gestion pluriannuels. Priorité pourrait ainsi être donnée à la réduction progressive des impacts écologiques jugés les plus dommageables (abrasion des fonds marins, rejets de CO_2, captures accidentelles d'espèces protégées...), mais également à la préservation et au développement d'une petite pêche côtière fortement pourvoyeuse d'emplois sur le littoral.

Le renforcement de la protection au sein des aires marines protégées. Suite à des créations récentes, la superficie des aires marines protégées (AMP) est actuellement en forte augmentation. Mais les niveaux de protection sont généralement faibles, voire quasiment inexistants. Dès lors, interdire rapidement l'emploi de tous les engins « impactants », notamment les chaluts et les dragues, dans toutes les AMP théoriquement dédiées à la protection des habitats, serait une mesure de bon sens et une étape significative pour la mise en place d'un réseau d'aires marines réellement protégées sur 10 % de la surface des différentes mers européennes.

L'étiquetage environnemental des produits de la mer. Là aussi, l'Europe peut s'appuyer sur les conclusions d'un groupe d'experts de son Conseil scientifique, pour mettre progressivement en place un « écoscore » des produits de la mer [10]. L'objectif est de donner aux consommateurs la possibilité de choisir les produits présentant les meilleurs scores en matière de performances écologiques et sociales. Il ne s'agit donc pas de décerner des labels de durabilité, selon un choix binaire en réalité sans réel fondement scientifique entre le durable et le non-durable. Mais plutôt de réserver le bénéfice d'un signal prix aux 10 %, 20 % ou 30 % des produits jugés à un moment donné les plus performants.

10. GASCUEL Didier et DRUON Jean-Noël (sous la dir. de), *Criteria and Indicators to Incorporate Sustainability Aspects for Seafood Products in the Marketing Standards under the Common Market Organisation (STECF-20-05)*, STECF (CSTEP) / JRC, 2021. URL : https://publications.jrc.ec.europa.eu/repository/bitstream/JRC124927/kj-ax-21-004-en-n_.pdf. Consulté le 7 janvier 2022.

Le développement d'une politique internationale de pêche durable. La pêche européenne ne représente aujourd'hui que 6 % à 7 % des captures mondiales, mais ses flottilles opèrent dans tous les océans de la planète et son influence politique dans les organisations internationales de gestion des pêches est considérable. L'Europe pourrait ainsi peser de tout son poids dans les négociations sur la gouvernance de la haute mer, pour renforcer partout les mesures de conservation de la biodiversité. Elle pourrait promouvoir des *standards* exigeants de pêche éthique et durable, et organiser dans ce cadre le transfert de ses compétences vers les pays en développement.

Comme il est d'usage, la réforme de la PCP introduite en 2023 devra faire l'objet d'une évaluation 10 ans plus tard, en vue de l'adoption d'un nouveau texte pour la période 2035-2045. Naturellement, cette évaluation dépendra pour partie de ce qui est fait ailleurs, notamment en matière d'atténuation du changement climatique et de réduction des pollutions. On peut néanmoins faire ici le pari que l'évaluation *ex post* des réformes précitées témoignerait d'une amélioration très importante de la situation des ressources et des pêcheries. En Europe comme à l'international, le bénéfice stratégiquement le plus significatif devrait en être une confiance renforcée des pêcheurs et de l'ensemble des acteurs, société civile comprise, dans la gestion collective du bien commun que constituent les ressources et les écosystèmes marins. Dès lors, pourraient se développer une culture et des pratiques de coopération, s'appuyant tout à la fois sur l'expertise scientifique, sur l'innovation et sur la responsabilité des acteurs.

La constitution de « communautés du bien commun », aptes à se saisir collectivement des enjeux de durabilité à l'échelle d'un écosystème / territoire de gouvernance, est l'étape incontournable pour que se déploient pleinement les principes de la pêchécologie. Fondamentalement, celle-ci conduit à rechercher en permanence la minimisation de tous les impacts écologiques de l'activité de pêche, en les réduisant au minimum incompressible dans l'état actuel de nos connaissances scientifiques et de nos technologies. Dans le même temps, il importe de rechercher la maximisation de l'utilité économique et sociétale que nous tirons de chacun des biens fournis par la nature, et en particulier de chacun des poissons que nous tirons de la mer.

Les étapes suivantes viseraient donc à généraliser et amplifier les progrès réalisés. La présence d'une ressource plus abondante

© vvoe / Shutterstock

ouvrirait en particulier la porte à une véritable révolution des engins de pêche. La place du chalut serait progressivement réduite, au bénéfice de nouveaux engins moins impactants, tels que les lignes et casiers à poissons. Partout où c'est possible, les petits métiers seraient favorisés et le lien au territoire renforcé. Les produits de la pêche seraient réservés à l'alimentation humaine, et les circuits courts encouragés. Les zones de haute mer seraient progressivement mises en réserve et l'exploitation des ressources halieutiques rendue aux États riverains. Plus généralement, l'intelligence des acteurs et tous les processus d'innovation devraient être mis au service de l'amélioration continue des cibles de gestion, de la réduction tous azimuts des impacts écologiques de la pêche, et de la valorisation économique et sociétale des produits.

En 2050, la pêchécologie c'est une pêche forte et diversifiée, privilégiant les modes de pêche douce, fortement liée aux territoires côtiers, fondée sur la responsabilité des acteurs et le progrès social, et répondant pleinement aux attentes des consommateurs et des citoyens. C'est une pêche éthique, qui contribue au développement du Sud, en rendant à chacun la maîtrise de ses ressources. C'est une pêche garante de la reconstruction et du maintien d'écosystèmes marins sains, c'est-à-dire productifs et résilients. C'est, enfin, une pêche en position de force pour imposer aux autres secteurs économiques concernés la conservation de la biodiversité marine.

Au passage, l'attrait du beau métier de pêcheur se reconstruirait, non plus sur le mythe de la pêche du jour miraculeuse, mais sur la fierté d'un métier en pleine harmonie avec la nature, produisant du poisson de haute qualité alimentaire et gustative, à moindre impact écologique. La cueillette des plus beaux fruits dans le jardin d'Éden. ■

Aquaculture et biodiversité à 2050

Par Philippe Goulletquer [1] et Denis Lacroix [2]

Dans un article paru en mai 2021 dans notre série consacrée à la mer et aux océans, Sébastien Abis et Cyrille Coutansais ont porté un coup de projecteur sur le secteur aquacole français, soulignant les défis auxquels il était confronté dans le contexte de la mondialisation des échanges, mais aussi ses atouts pour renforcer le secteur agricole français et la sécurité alimentaire du pays.

Pour compléter cette série, Philippe Goulletquer et Denis Lacroix étendent ici l'analyse de l'aquaculture à l'échelle mondiale. Ils soulignent combien le secteur est confronté à un ensemble de défis, parmi lesquels une demande alimentaire de produits de la mer en hausse en réponse à la croissance démographique, une crise mondiale de la biodiversité, et des changements planétaires dont les effets du dérèglement climatique. Dans le même temps, les objectifs internationaux qui ont été définis en matière de biodiversité ne semblent pas pouvoir être atteints par les trajectoires actuelles et impliquent de larges changements dans de nombreux secteurs de production ; et la crise Covid a révélé la faible résilience des systèmes de production mondialisés et l'intérêt de certaines relocalisations. Si l'aquaculture doit encore résoudre d'importants problèmes environnementaux pour devenir durable, elle dispose d'avantages compétitifs comparée aux autres productions animales, qui devraient lui permettre de relever le défi de la sécurité alimentaire à l'horizon 2050. Les auteurs proposent ici différents scénarios, dont une progression de 44 % de la production aquacole mondiale sur une base tendancielle. Tous ces scénarios nécessiteront des choix politiques assumés — dans la mesure où les approches de conservation et d'exploitation durable sont rarement conciliables —, une information honnête de l'opinion publique, le tout en plaçant la biodiversité en haut des priorités, en tant que bien commun universel, également source de solutions futures. S.D.

1. Ifremer (Institut français de recherche pour l'exploitation de la mer) ; auteur avec Anaïs Joseph de *Un Océan de promesses*, Versailles : Quæ, 2017 ; de *Guide des organismes exotiques marins en France*, Paris : Belin, 2016 ; et co-coordinateur de *Biodiversité en environnement marin*, Versailles : Quæ, 2012.

2. Délégué à la prospective à l'Ifremer.

L'année 2021 aura été marquée par plusieurs événements de portée mondiale en matière d'environnement et de développement durable avec le congrès mondial de l'Union internationale pour la conservation de la nature (UICN), la 26e Conférence des parties sur les changements climatiques de Glasgow (COP26) et le lancement de la Conférence sur la biodiversité (CBD-COP15) à Kunming. Il faut ajouter une accélération de la mise en œuvre des objectifs de développement durable (ODD) dans le cadre de l'Agenda 2030 des Nations unies. À ce titre, l'ODD 14 cible « la conservation et l'exploitation de manière durable des océans et des mers aux fins du développement durable ». Le développement de l'aquaculture à l'échelle mondiale est confronté à l'ensemble de ces défis : 1) une demande alimentaire croissante de produits aquatiques en réponse à l'évolution de la population mondiale qui devrait passer de 7 milliards de personnes en 2010 à 9,7 milliards en 2050, ce au moment où les productions par pêche ont atteint un plateau et tendent probablement vers une décroissance ; 2) une crise mondiale de la biodiversité et, par-là même, une altération des services écosystémiques qui en dépendent ; 3) des changements majeurs et globaux au niveau environnemental dont les effets du dérèglement climatique.

Aquaculture et bien-être humain

L'Évaluation des écosystèmes pour le millénaire [3] eut pour objectif de mesurer les conséquences des changements écosystémiques sur le bien-être humain, et de jeter les bases scientifiques pour mettre en œuvre les actions nécessaires à l'amélioration de la conservation et de l'utilisation durable de ces systèmes, ainsi que de leur contribution au bien-être humain. Cette étude a ainsi donné un cadre conceptuel à la définition des services écosystémiques et leurs interactions. Il a aussi fourni aux gestionnaires des outils d'aide à la décision et des possibilités d'arbitrage face à des enjeux en concurrence sur l'usage de la nature (graphique 1).

Dans ce cadre, l'aquaculture fait partie des services d'approvisionnement contribuant au bien-être humain via la sécurité alimentaire. On sait que le maintien de la biodiversité est garant d'un niveau élevé des services écosystémiques. L'ensemble de ces services dépend de la qualité de l'environnement, celui-ci étant influencé par l'activité humaine.

3. Site Internet https://www.millenniumassessment.org/fr/. Consulté le 10 janvier 2022.

Graphique 1. **Trame conceptuelle de l'Évaluation du millénaire pour la conservation de la biodiversité et le bien-être humain**

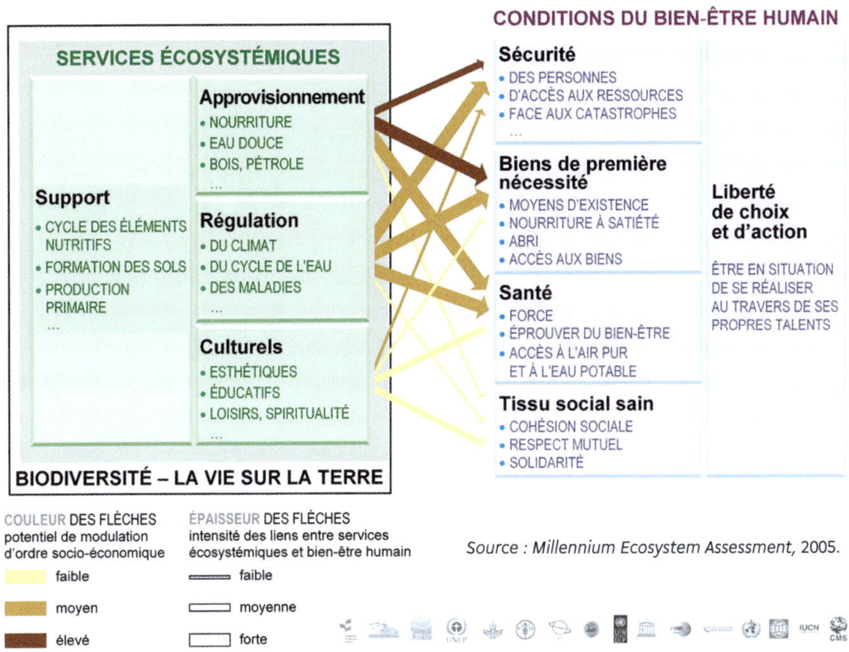

Source : Millennium Ecosystem Assessment, 2005.

Ainsi la disparition et la dégradation des milieux naturels (comme les zones humides, les récifs coralliens, les mangroves…), la surexploitation des ressources naturelles (par les pêcheries illégales ou INN [illicites, non déclarées et non réglementées]), l'introduction d'espèces exotiques et les changements globaux (réchauffement et acidification de l'océan) sont autant de facteurs d'altération de cette biodiversité et, par voie de conséquence, des services produits par l'environnement. L'aquaculture est ainsi à la fois dépendante des services écosystémiques tout en pouvant potentiellement les affecter.

La plate-forme intergouvernementale IPBES (Intergovernmental Science-Policy Platform on Biodiversity and Ecosystem Services), équivalent du GIEC (Groupe d'experts intergouvernemental sur l'évolution du climat) pour la biodiversité, a rappelé qu'un progrès est noté pour seulement 4 des 20 objectifs d'Aichi, qui constituent le Plan stratégique pour la biodiversité 2011-2020 [4]. L'état de l'envi-

4. CBD (Convention on Biological Diversity), « Strategic Plan for Biodiversity 2011-2020, including Aichi Biodiversity Targets », CBD, 2020. URL : https://www.cbd.int/sp/. Consulté le 10 janvier 2022.

ronnement continue à se dégrader, ce qui ne permet pas d'assurer la conservation de la diversité biologique, notamment pour les indicateurs d'aquaculture et de pêcheries durables (objectifs 6 et 7), et de prévention des invasions biologiques (objectif 9), malgré les efforts des pays signataires [5].

La recherche du bien-être humain pour le plus grand nombre est par ailleurs un objectif d'importance croissante pour les sociétés. Elle s'exprime notamment par la recherche d'une alimentation saine et de la durabilité dans nombre d'activités. De façon similaire, l'approche de la santé unique (« Une seule santé ») résume une idée connue depuis plus d'un siècle, selon laquelle la santé des animaux, celle des hommes et celle des écosystèmes sont interdépendantes, comme l'a révélé la pandémie actuelle. Cette vision doit être prise en compte dans la perspective d'un développement durable de l'aquaculture.

Aquaculture et défi alimentaire

Situation à l'échelle mondiale

Selon les dernières données de la FAO, la production mondiale des pêcheries et de l'aquaculture a atteint 179 millions de tonnes (Mt) en 2018 (représentant 400 milliards de dollars US), dont 82 millions de tonnes pour l'aquaculture [6]. La consommation humaine absorbe 157 millions de tonnes, le reste (22 Mt) étant destiné à la production de farines et d'huiles de poisson. L'aquaculture représente ainsi 46 % de la production mondiale de produits aquatiques (25,7 % en 2000). Ce secteur a fortement progressé au cours des dernières décennies sur l'ensemble des continents, à l'exception de l'Europe qui n'en représente que 10 % (5,8 % de taux de croissance annuel entre 2001 et 2018 et 4,5 % depuis). L'essentiel de la progression résulte du développement aquacole, les pêcheries ayant atteint leur pic au mitan des années 1990 (94 Mt) avec un plateau vers 85 Mt depuis. Seule la pisciculture marine reste en deçà des apports de la pêche sans inversion envisagée à court terme. En 2018, les productions aquacoles étaient réparties ainsi : 47 Mt de poissons d'eau douce, 7,3 Mt de poissons marins, 17,7 Mt de mollusques, 9,4 Mt de crustacés, 32,4 Mt d'algues

5. IPBES, *Global Assessment Report on Biodiversity and Ecosystem Services,* Bonn : IPBES, 2019.

6. FAO (Organisation des Nations unies pour l'alimentation et l'agriculture), *La Situation mondiale des pêches et de l'aquaculture. La durabilité en action* ; et *La Situation mondiale de l'alimentation et de l'agriculture. Rendre les systèmes agroalimentaires plus résilients face aux chocs et aux situations de stress,* Rome : FAO, respectivement 2020. URL : http://www.fao.org/3/ca9229fr/ca9229fr.pdf ; et 2021. URL : http://www.fao.org/3/cb4476fr/cb4476fr.pdf. Consultés le 10 janvier 2022.

Graphique 2. **Projection des productions aquacoles et par pêcherie** (en millions de tonnes)

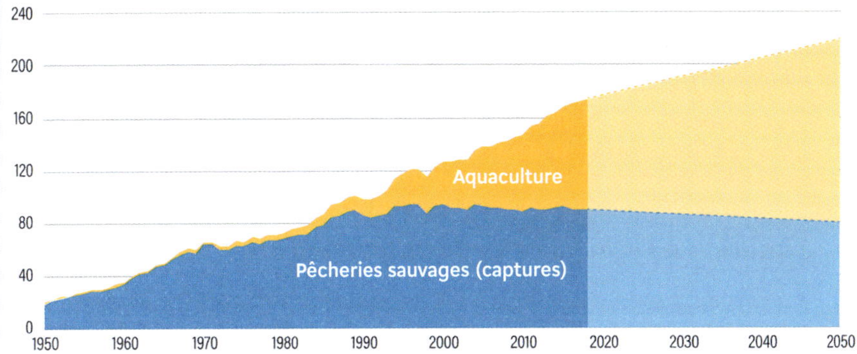

Source : FAO *in* WRI (World Resources Institute), *Creating a Sustainable Food Future,* WRI, 2019, p. 295. URL : https://research.wri.org/sites/default/files/2019-07/F_REP_Food_Course4_web.pdf. Consulté le 10 janvier 2022.

et 26 000 tonnes de produits ornementaux, comme les perles. Les projections à 2030 et 2050 confirment cette progression de l'aquaculture (graphique 2) avec un doublement des productions aquacoles du fait de la stagnation des pêcheries. Cela impliquerait une forte amélioration de la productivité en aquaculture et une demande accrue d'un facteur 9 d'espaces marins et d'énergie d'ici à 2050 [7].

Les projections à moyen terme doivent cependant tenir compte du fait que l'aquaculture présente un niveau de risque plus élevé que d'autres secteurs agroalimentaires en raison des variations de rendement de production, surtout en milieu ouvert, et de sa sensibilité aux aléas biologiques (pollutions, pathologies...). L'aquaculture est un jeune secteur, ce qui explique la grande variété des pratiques de culture et des espèces élevées : 428 recensées avec 29 espèces dominantes, alors que quatre espèces animales (bœuf, poulet, porc, mouton) et 12 plantes (riz, blé, maïs, manioc...) fournissent 80 % de l'alimentation humaine. L'utilisation de cette biodiversité représente un enjeu majeur de gestion durable, d'autant plus que la majorité des espèces exploitées n'a fait l'objet d'aucune amélioration par sélection génétique à ce jour.

L'aquaculture basée sur l'apport d'aliments (57 Mt), et donc située à un niveau d'intensité plus important, a dépassé les productions d'aquaculture extensive qui représentent 30,5 % du total en 2018

7. DNV (Det Norske Veritas), *Ocean's Future to 2050: A Sectoral and Regional Forecast of the Blue Economy,* DNV, 2021. URL : https://www.dnv.com/oceansfuture. Consulté le 10 janvier 2022.

(43,9 % en 2000). L'impact carbone est très différent entre ces deux approches à une période où la décarbonation des activités humaines est nécessaire. Dans ce contexte, la recherche de solutions moins coûteuses en énergie et en carbone (via par exemple l'usage de substituts aux huiles de poisson), et l'approche par l'analyse des cycles de vie des produits aquacoles doivent être privilégiées afin de favoriser la durabilité et la résilience des systèmes de production.

Situation à l'échelle européenne et française

Au niveau européen, malgré les orientations stratégiques de la Commission européenne pour une aquaculture plus durable et compétitive [8], les productions restent très inférieures à la consommation. À eux seuls, les pays de l'Union représentent 34 % des importations mondiales (en valeur) pour une production de 18 % des tonnages mondiaux.

En France, 86 % de la consommation des produits aquatiques sont issus d'importations [9]. En 2017, la France était le quatrième producteur européen par pêche (556 000 tonnes) et le troisième en aquaculture (178 000 tonnes réparties ainsi : 128 000 tonnes de mollusques, 45 000 tonnes de salmonidés et 4 000 tonnes de poissons marins [bar, daurade, turbot, maigre, saumon et sole]). La récente filière esturgeon reste modeste : sept entreprises ; production de 43,5 tonnes de caviar en 2019 [10]. Bien qu'elle ait été pionnière dans les années 1970-1980, l'aquaculture française marine reste basée sur des productions traditionnelles sans l'émergence de nouvelles entreprises depuis plusieurs décennies. Cependant, la technicité française est reconnue mondialement pour ses productions d'alevins (cinq entreprises) : en 2019, 116 millions d'alevins ont été produits, dont 90 % à l'export. Malgré la demande du marché et un savoir-faire reconnu, le manque de disponibilité d'accès aux sites et les contraintes environnementales limitent le développement de la filière de production en milieu ouvert.

---

8. « Pacte vert pour l'Europe: la Commission adopte des orientations stratégiques pour une aquaculture européenne durable et compétitive », Commission européenne, 17 mai 2021. URL : https://ec.europa.eu/commission/presscorner/detail/fr/ip_21_1554. Consulté le 10 janvier 2022.

9. « Fermes aquacoles marines et continentales : enjeux et conditions d'un développement durable réussi », CESE (Conseil économique social et environnemental) 2017. URL : https://www.lecese.fr/content/fermes-aquacoles-marines-et-continentales-enjeux-et-conditions-dun-developpement-durable-reussi. Consulté le 10 janvier 2022.

10. *Source :* CIPA (Comité interprofessionnel des produits de l'aquaculture). URL : https://www.poisson-aquaculture.fr/chiffres-cles/. Consulté le 10 janvier 2022.

Défis environnementaux pour une aquaculture durable

Dès 2004, la Conférence sur la diversité biologique met en place un panel d'experts afin d'identifier les interactions entre aquaculture et biodiversité, et de réduire les impacts de cette activité [11]. Les causes sont connues : dégradation des habitats, perturbations de la chaîne trophique et de la dynamique des populations, transmission de maladies, réduction de la variabilité génétique, pollutions chimiques, médicamenteuses et biologiques par les échappements d'élevages qui interagissent avec les populations naturelles.

La régression des mangroves remplacées par de l'aquaculture est à ce titre exemplaire. Les mangroves sont parmi les écosystèmes les plus productifs au monde, hébergeant des nourriceries pour de nombreuses espèces de poissons, et servant de barrière naturelle à l'érosion côtière. L'essor de l'élevage de crevettes (« crevetticulture ») à partir des années 1980 a conduit à de multiples conversions de mangroves en bassins d'élevage. Entre 2000 et 2012, 192 000 hectares de mangroves ont disparu (1 % de la couverture mondiale). Sur cette période, près du tiers des pertes en Asie du Sud résultait du développement aquacole [12].

Bassins d'élevage de crevettes dans la mangrove malaisienne (Pitas, région de Sabah) © BorneoRimbawan / Shutterstock

Par ailleurs, l'utilisation de poissons de pêche en ingrédients pour l'alimentation piscicole peut accroître la pression par pêche sur les écosystèmes. Ainsi, la pêcherie minotière de poissons gras tels que l'anchois du Pérou (soit de 3 à 9 Mt par an) a pour principal débouché la fourniture de farines et d'huiles pour l'aquaculture [13].

11. CBD, *Solutions for Sustainable Mariculture: Avoiding the Adverse Effects of Mariculture on Biological Diversity*, CBD (Technical Series n° 12), 2004. URL : https://www.cbd.int/doc/publications/cbd-ts-12.pdf. Consulté le 10 janvier 2022.

12. FRIESS Dan *et alii*, « The State of the World's Mangrove Forests: Past, Present, and Future », *Annual Review of Environment and Resources*, vol. 44, 2019, p. 89-115.

13. LE GOUVELLO Raphaëla et SIMARD François (sous la dir. de), *Durabilité des aliments pour le poisson en aquaculture. Réflexions et recommandations sur les aspects technologiques, économiques, sociaux*

Autre exemple, la suralimentation, fréquente, des élevages en cage marine peut se traduire par une pollution organique du milieu par l'excès d'apports d'aliments non consommés et de déjections ; d'où l'importance d'une amélioration des pratiques et d'une sélection attentive des sites d'élevage afin d'éviter toute accumulation organique. Les problèmes de maladies virales et bactériennes sont également récurrents en crevetticulture à l'échelle mondiale. Les poux parasites associés aux salmonicultures en mer ouverte, au Chili et en Norvège, peuvent contaminer les populations naturelles (et *vice versa*) et les échappements d'élevages interagir également avec ces populations.

La prise en compte récente de la nécessité de décarboner les activités humaines concerne également l'aquaculture. En 2010, celle-ci était à l'origine d'une émission globale de 332 Mt d'équivalent CO_2, soit moins de 1 % des émissions humaines ou 5 % des émissions des productions agricoles. Ces émissions sont surtout liées à la consommation d'énergie, à la production d'aliments, ainsi qu'à la transformation, au transport et à la gestion des déchets [14]. La conversion d'écosystèmes fixateurs de carbone (mangroves, herbiers, zones humides...) en systèmes aquacoles contribue au bilan des émissions. Ces dernières dépendent des espèces concernées et des systèmes de production. L'algoculture de macroalgues, dont l'intérêt va croissant, est à ce titre considérée comme une production écologique, notamment vis-à-vis du climat (absence d'intrants et production primaire captant le CO_2). À l'échelle mondiale, la production de macroalgues a triplé, passant de 10,6 Mt en 2000 à 32,4 Mt en 2018, à des fins alimentaires et de production de molécules d'intérêt, comme les carraghénates (aux propriétés gélifiantes).

Compte tenu de toutes ces tendances, est-il possible d'envisager la continuité du développement de l'aquaculture, en favorisant la durabilité des systèmes, la résilience face aux changements globaux et la compatibilité avec la biodiversité initiale ?

Atouts et opportunités

Même si l'aquaculture pose des défis environnementaux, elle dispose d'avantages compétitifs, comparée aux autres productions animales, et présente un fort potentiel pour l'avenir. Les coûts

et environnementaux, Gland / Paris : UICN (Union internationale pour la conservation de la nature) / Comité français de l'UICN, 2017.

14. WRI, *Creating a Sustainable Food Future*, *op. cit.*

Plants d'algues © Marius Dobilas / Shutterstock

énergétiques pour le métabolisme des produits sont moindres comparés aux productions terrestres : les taux de conversion sont similaires à ceux des élevages de volailles mais beaucoup plus efficaces que ceux des ovins / bovins. Les animaux filtreurs (carpes à mollusques) ne nécessitent pas d'intrants et peuvent contribuer à l'amélioration des conditions environnementales en filtrant des eaux surchargées en matière organique. L'aquaculture se diversifie, optimise ses pratiques et innove, à la fois au niveau des systèmes de production, mais également s'agissant des espèces exploitées et des attentes des marchés. Les difficultés d'accès aux zones côtières, notamment juridiques, conduisent à de nouvelles technologies d'infrastructures aquacoles au large (cages flottantes, cargos à viviers). À l'opposé, des infrastructures plus intensives à terre, en hors-sol et / ou en circuit fermé permettent de mieux maîtriser les conditions environnementales les plus favorables à la production. L'association d'espèces situées en cascade dans la chaîne alimentaire permet de réduire les déchets et de maximiser la production, comme des cages de poissons marins et des filières d'algues et de mollusques à proximité. La dépendance à la pêcherie minotière tend à diminuer par l'utilisation de substituts aux huiles et farines de poisson, comme des protéines et huiles végétales produites localement ou des huiles et farines issues d'élevages d'insectes (comme la mouche soldat ou le coléoptère meunier) et / ou de culture de microalgues. Sont recherchés en priorité les acides gras indispensables à la croissance et la santé des poissons, comme pour l'alimentation humaine (complément alimentaire). Par ailleurs, les travaux menés sur les caractéristiques physiologiques et génétiques des espèces élevées, notamment par des programmes de sélection génétique, permettent d'envisager des gains de productivité significatifs et une meilleure adéquation des élevages avec leur environnement.

L'aquaculture se diversifie aussi vers la valorisation des coproduits comme l'utilisation des coquilles de mollusques comme matière naturelle pour l'amendement agricole ou la peinture, dans un contexte d'économie circulaire. Si un certain nombre de substances marines sont d'ores et déjà utilisées à des fins pharmacologiques (par exemple pour des anticancéreux), le potentiel de la biodiversité marine est encore sous-exploité. De nouveaux antibiotiques, ainsi que des enzymes catalysantes pour les processus industriels sont en cours de développement. Ces produits justifieront des systèmes d'aquaculture à forte valeur ajoutée. Ainsi, la société Hemarina commercialise un précurseur d'hémoglobine, utilisé notamment pour la préservation des greffons, qui est obtenu à partir d'élevage de vers marins de plage (*Arenicola marina*). La société GreenSea valorise des molécules à principe actif issues de la culture de la microalgue rouge *Porphyridium sp.* (prix dépassant 100 euros le kilogramme). Les microalgues présentent notamment un potentiel d'applications très diversifiées : ingrédients alimentaires (oméga 3), sources de pigments anti-oxydants (caroténoïdes), colorants alimentaires, pigments à fluorescence naturelle pour diagnostic médical, émollients pour les crèmes en cosmétique, stimulants de synthèse des collagènes, crème solaire anti-ultraviolets, hydratants, produits phytosanitaires (traitement de vignobles), biomatériaux, et sur le plan industriel comme piège à CO_2 de fumées industrielles, dans le traitement des eaux (dépollution) ou bien encore dans la production d'énergie (hydrogène, biocarburants)...

Des progrès peuvent être aussi attendus dans les synergies entre certains usages de la mer — par exemple entre les parcs éoliens marins et l'élevage de poissons en cage ou de mollusques en filière. Ces opportunités, qui nécessitent une planification spatiale des usages, sont pour le moment considérées avec prudence par les investisseurs industriels, mais il serait logique que cette association d'activités fonctionne. Quelques réussites pilotes permettraient la définition d'un cadre de développement respectueux de l'environnement et ouvrant un potentiel considérable à des centaines de parcs dans le monde, avec des coûts partagés et des bénéfices croisés pour de nombreux postes (ancrages, surveillance).

Trois scénarios à 30 ans

Le développement de l'aquaculture mondiale à l'horizon 2050 dépend de moteurs et de freins puissants. Parmi les moteurs, figurent la démographie (deux milliards d'habitants supplémentaires à cet horizon), la consommation (image, aspect pratique, prix, diversité des espèces et des produits), la disponibilité d'espaces marins au

Tableau 1. **Évolution possible des productions mondiales de pêche et d'aquaculture entre 2018 et 2050 à consommation égale de produits aquatiques par habitant et par an***

	2018	2050
Aquaculture (Mt)	82	118 (+ 44 %)
Pêche totale / *pêche pour la consommation humaine* (Mt)	97 / *75*	92 / *81*
Consommation humaine directe (Mt)	157	199
Population mondiale (milliards d'habitants)	7,7	9,7

*De 20,5 kilogrammes par habitant et par an.

Sources : chiffres extrapolés à partir des données de la FAO, *La Situation mondiale des pêches et de l'aquaculture, op. cit.* ; et de LOTZE Heike K. *et alii,* « Global Ensemble Projections Reveal Trophic Amplification of Ocean Biomass Declines with Climate Change », *Proceedings of the National Academy of Sciences of the United States of America,* vol. 116, n° 26, juin 2019, p. 12907-12912.

large, et les progrès de la science et de la technologie, comme en sélection génétique ou en matière de substituts des farines et huiles de poisson. Parmi les freins, on relève la disponibilité de l'eau douce et des espaces côtiers — à terre comme en mer —, les risques liés aux pollutions, aux maladies et à des ruptures d'écosystèmes, ainsi que la perception de ces produits par les consommateurs, avec le risque d'une image de produits industriels, fades ou dénaturés.

Dans un scénario tendanciel construit sur l'hypothèse d'une baisse de moitié de la pêche minotière (de 22 à 11 Mt) et de 5 % de la pêche classique en raison de l'augmentation de la température planétaire de 1 °C, on obtient les résultats présentés dans le tableau 1. Ainsi, en conservant le même niveau de consommation moyenne de produits aquatiques par habitant et par an (20,5 kilogrammes), ce qui est une hypothèse basse, il faudrait que la production aquacole progresse de 44 % en 30 ans, ce qui est réaliste, voire modeste, même en tenant compte d'un ralentissement de la croissance actuelle qui se situe à environ 4 % par an.

Dans un scénario de grave perturbation des écosystèmes marins avec des effondrements de pêcheries, comme cela a été observé dans le passé avec la morue de Terre-Neuve pour des raisons de surpêche, et plus récemment avec l'anchois dans le golfe du Lion pour des raisons imputées au changement climatique, l'aquaculture devrait prendre une place croissante dans la sécurité alimentaire mondiale. En effet, les produits aquatiques fournissent déjà 17 % des protéines consommées par l'humanité ; si l'apport des pêches décroît, l'aquaculture sera appelée à compenser ce déficit. Ce scénario inclut de fortes perturbations climatiques également à terre, ce qui aurait des effets négatifs sur de nombreux élevages d'animaux. La pression de la demande en protéines augmenterait globalement, sauf si la technologie permettait de développer des cultures de type cellulaire, mais de forte technicité, chères, donc peu accessibles aux populations les plus vulnérables, et dont l'acceptabilité reste à démontrer.

Dans un scénario de perturbation modérée, la pêche devrait rester au mieux stable. L'aquaculture serait alors appelée à répondre à une demande en forte croissance combinant l'augmentation de la population mondiale et le transfert d'une partie de la demande en protéines d'origine terrestre vers des protéines d'origine marine : « du *steak* au *sushi* ».

On voit que, dans ces trois scénarios, tous plausibles, l'aquaculture poursuit sa progression avec des moteurs plus puissants que les freins. La clef de cette stabilité est le contrôle de tous les facteurs de production tout en en maîtrisant les impacts, alors que les apports de la pêche sont fonction d'abord de la qualité de l'environnement marin et de complexes chaînes alimentaires, elles-mêmes dépendantes en dernier ressort du climat.

Dans ces trois scénarios, les impacts de l'aquaculture sur la biodiversité sont moins liés aux enjeux quantitatifs qu'aux systèmes de réglementation, au choix des sites et techniques d'élevage. Ainsi, l'aquaculture égyptienne est passée de 90 000 tonnes en 1995 à 1,5 million de tonnes en 2020 en transformant des rizières du bas delta du Nil en bassins d'aquaculture extensive. Ces rizières ont été abandonnées en raison de la montée de la salinité dans les nappes phréatiques côtières (en cause : la montée du niveau de la mer et le déficit d'apport d'eau douce du Nil). La biodiversité accompagnant ces élevages d'alevins naturels de cinq espèces majeures (bar, daurade, tilapia, mulet, crevette) est bien supérieure à celle observée dans la riziculture antérieure.

*
* *

L'IPBES a souligné l'importance des objectifs d'Aichi qui ne peuvent pas être atteints par les trajectoires actuelles, ce qui nécessite de forts changements dans tous les secteurs de production. Les actions potentielles concernent la promotion de pratiques de gestion éco-responsable, la réduction des impacts environnementaux de l'aquaculture, notamment par des procédures de certification de bonnes pratiques et des systèmes de production, ou la réduction à la source des pollutions. Par ailleurs, l'évolution sociétale amène les consommateurs à rechercher des produits de qualité, avec des certifications de bonnes conditions de production et d'effets positifs pour la santé. De plus, la crise liée à la Covid a révélé la faible résilience des systèmes de production mondialisés et l'intérêt de relocaliser ceux-ci pour des raisons de fiabilité comme de souveraineté. L'Europe et la France restent fortement déficitaires en produits de la mer, et fondent leur approvisionnement sur les importations qui n'internalisent pas à ce jour les coûts réels des externalités comme le coût « carbone ».

Toutes ces tendances plaident, de manières différentes mais convergentes, pour un développement de l'aquaculture. Cependant, les approches de conservation et d'exploitation durable ne sont pas toujours conciliables, ce qui nécessite des choix politiques eux aussi durables. En dernier ressort, en aquaculture comme dans bien des secteurs, la durabilité dépend avant tout de la constance de la volonté politique alliée à la transformation progressive de l'économie tout entière, sous l'influence, entre autres formes de pression, de consommateurs et de citoyens informés, lucides et organisés. À ces conditions, la biodiversité, notamment dans le domaine de l'aquaculture, devra alors être protégée comme un bien commun universel, source de solutions futures, seule échelle valide de préservation d'une richesse qui n'a pas de prix.

Trajectoires géoéconomiques et géopolitiques à l'horizon 2030

Actualisation des scénarios et des messages clefs de Futuribles

Par Marie Ségur [1]

En août 2021, l'association Futuribles International a publié quatre scénarios sur l'évolution de la situation mondiale à l'horizon 2025 [2]. Ces scénarios résultaient d'un travail en continu, réalisé pour ses membres depuis le début de la crise sanitaire. En janvier 2022, une actualisation des réflexions prospectives a été mise en discussion auprès d'un groupe de travail. Les éléments clefs qui en ressortent sont présentés ici.

Actualisation des scénarios d'août 2021

Les quatre scénarios publiés en août 2021 cherchaient à refléter la diversité des configurations des jeux géopolitiques mondiaux autour de grandes questions pour l'avenir, parmi lesquelles : la capacité de la communauté internationale à formuler, dans les cinq années à venir, une réponse structurée aux diverses crises actuelles et futures, en termes tant de régulations que d'accès aux ressources et d'usage des technologies, en bonne intelligence avec les grandes entreprises. Ont aussi été pris en compte l'évolution de conflits latents et notamment de l'affrontement sino-américain, la place de l'Union européenne, ou encore le rôle joué par des puissances intermédiaires comme la Russie.

Le dernier trimestre 2021 et le tout début de l'année 2022 ont été marqués par un certain nombre d'événements significatifs à l'échelle internationale. Parmi ceux-ci, nous retenons, sans souci d'exhaustivité : la pénurie des semi-conducteurs qui témoigne des déstabilisations importantes des chaînes de valeur, le retrait précipité des États-Unis d'Afghanistan, les jeux d'alliances croisées dans la région indopacifique, la crise des

1. Chargée d'études à Futuribles.

2. SÉGUR Marie, « Quelles trajectoires géoéconomiques et géopolitiques à l'horizon 2025 ? », *Analyse prospective*, n° 258, 3 août 2021, Futuribles International. URL : https://www.futuribles.com/fr/groupes/covid-19-reflexions-prospectives/document/quelles-trajectoires-geoeconomiques-et-geopolitiqu/. Consulté le 28 janvier 2022.

Graphique 1. **Représentation matricielle des scénarios** (août 2021)

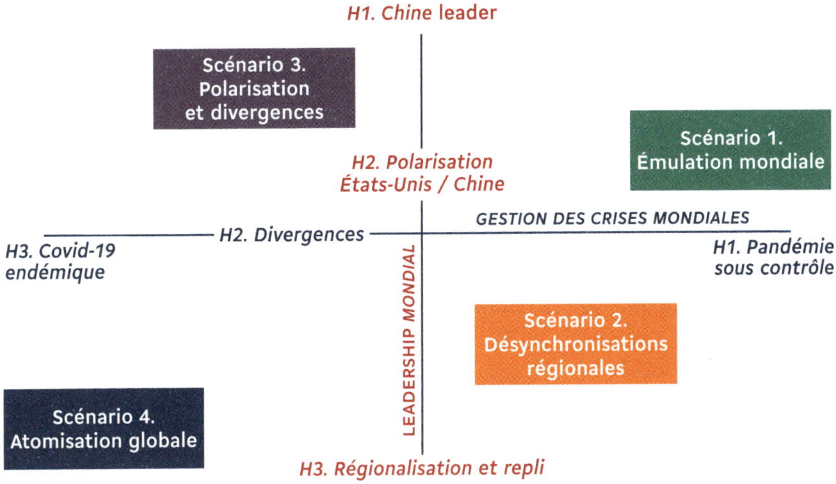

sous-marins et l'accord AUKUS (Australia, United Kingdom, United States) qui recomposent les rapports de force autour du conflit sino-américain et laissent l'Union européenne sur le banc de touche, l'échec de la 26e Conférence des parties à la Convention-cadre des Nations unies sur les changements climatiques (COP26), le départ d'Angela Merkel et les incertitudes qui en résultent concernant l'avenir de l'Allemagne et de l'Europe, les mouvements de troupes russes à la frontière ukrainienne et au Kazakhstan, l'instabilité sociale, économique et politique de la Turquie, ou encore les politiques d'indépendance stratégique annoncées par la Chine, les États-Unis, la France... En croisant ces différents événements avec les scénarios prospectifs de l'association, et malgré les biais que comporte une telle analyse, deux scénarios, sur les quatre publiés en 2021, paraissent considérablement confortés :

- Ainsi, le scénario « Désynchronisations régionales » dressait un paysage mondial, en 2025, structuré autour de grandes plaques régionalisées, aux réalités politiques, économiques et réglementaires hétéroclites. Dans cette trajectoire, certains États profiteraient du repli des grandes puissances pour étendre leurs ambitions territoriales. L'Union européenne pourrait alors affirmer son *leadership* ou, à l'inverse, connaître une période de turbulences intenses, en fonction de la capacité des pays membres à coopérer.
- Le scénario « Polarisation et divergences » s'articulait, lui, autour d'une division du monde entre d'un côté la Chine, de plus en plus puissante, et de l'autre les États-Unis. Il évoquait la possibilité d'un découplage croissant entre les modèles des deux pays et supposait un certain nombre de choix stratégiques pour l'Union européenne. Cette dernière aurait, en effet, à se positionner aux côtés de l'une ou l'autre des deux puissances.

Carte 1. **Conflits frontaliers et frontières contestées dans le monde en décembre 2021**

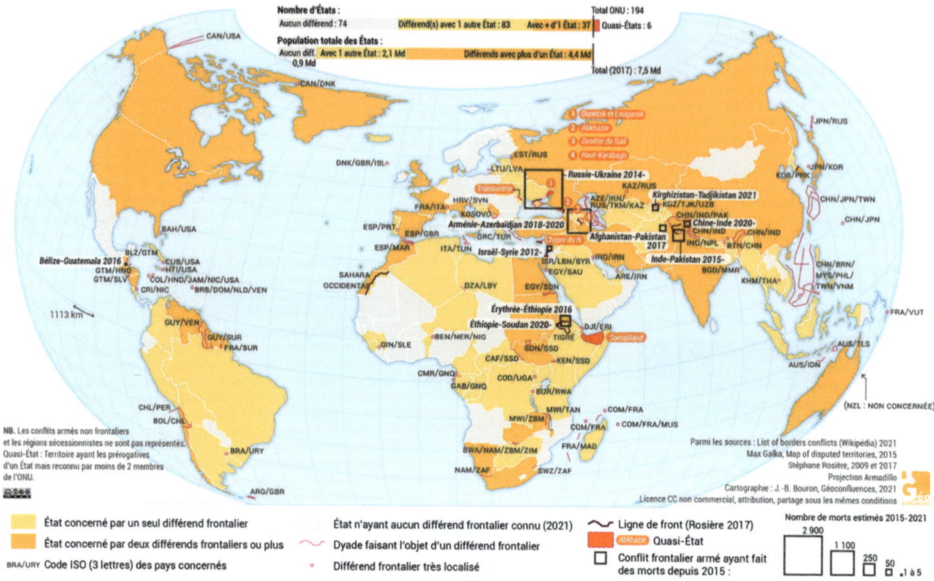

126 des 197 États reconnus par l'Organisation des Nations unies sont concernés par au moins un conflit frontalier.

Source : Géoconfluences, 15 décembre 2021. URL : http://geoconfluences.ens-lyon.fr/informations-scientifiques/a-la-une/carte-a-la-une/conflits-differends-frontaliers. Consulté le 28 janvier 2022.

À la lumière des récentes évolutions internationales évoquées plus haut, une trajectoire composée de tensions accrues entre le bloc américain d'un côté et le bloc chinois de l'autre, d'affirmations de puissances intermédiaires à des échelles régionales, en particulier la Russie, et de fortes instabilités au sein de l'Europe mais aussi à ses frontières, apparaît donc fortement vraisemblable dans les cinq à huit prochaines années. En parallèle, notons que la notion de « découplage » entre la Chine et les États-Unis, sur les aspects économiques, normatifs et techniques, se répand progressivement dans les discours des institutions et des *think-tanks* [3].

Cette notion pourrait influencer les représentations de l'avenir et donc les comportements des acteurs (stratégie des entreprises, des États...). Pourtant, les échanges et interdépendances entre la Chine et les États-Unis restent toujours élevés (253 milliards de dollars US d'exportations chinoises vers les États-Unis en 2021, voir graphique 2).

En revanche, le scénario « Émulation mondiale », qui proposait une trajectoire optimiste dans laquelle la coordination des États et des institu-

3. Voir, par exemple, *Economic Decoupling: Our New Reality?*, American Chamber of Commerce in France, décembre 2021. URL : https://amchamfrance.org/wp-content/uploads/2021/12/Economic-Decoupling-Our-New-Reality.pdf. Consulté le 28 janvier 2022.

Graphique 2. **Balance commerciale États-Unis / Chine 2017-2021**
(sur les sept premiers mois de chaque année, en milliards de dollars US)

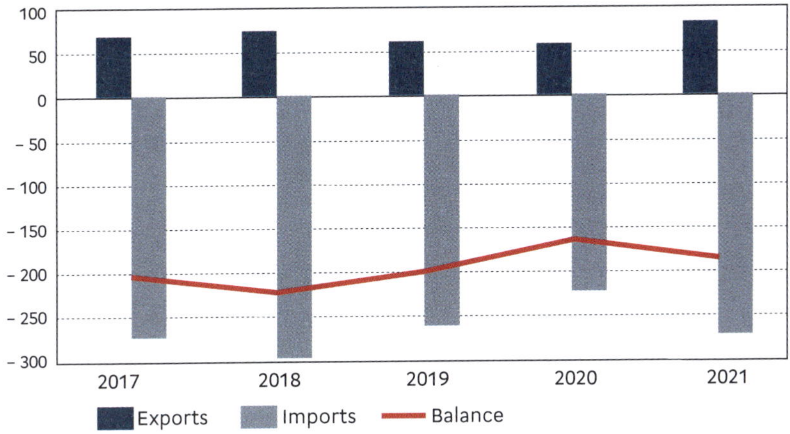

Le taux d'importations reste toujours très élevé et ce malgré le ralentissement connu en 2020.

Source : « La balance commerciale des États-Unis avec la Chine s'améliore grâce à la hausse des exportations », *Eurisles,* 8 octobre 2021. URL : https://www.eurisles.org/la-balance-commerciale-des-etats-unis-avec-la-chine-sameliore-grace-a-la-hausse-des-exportations. Consulté le 28 janvier 2022.

tions internationales permettait de proposer des approches communes aux grands défis mondiaux, et le scénario « Atomisation globale », qui dépeignait une trajectoire sombre de crises et de replis nationaux, apparaissent aujourd'hui moins vraisemblables à l'horizon 2030.

Quelques messages clefs...

Dans un contexte de forte incertitude, Futuribles propose, pour aider les organisations à se repérer, quelques messages clefs (ici synthétisés) sur les perspectives internationales dans les années à venir :

> **Dans les 10 prochaines années, il deviendra essentiel d'apprendre à vivre avec une « météo » sanitaire et environnementale incertaine.** La multiplication, voire la superposition des crises obligeront États, organisations et individus à s'adapter constamment, à la manière des stratégies d'atténuation de la propagation de la Covid adoptées par bon nombre de pays depuis 2020, consistant à alterner mesures restrictives (confinement) et réouvertures progressives — qualifiées de *Stop & Go*. Cette adaptation perpétuelle sera plus facile pour les organisations qui s'y seront préparées.

> **La reprise économique sans précédent observée à l'échelle mondiale pourrait se heurter à des facteurs de ralentissement majeurs à moyen terme.** Parmi ceux-ci, le fort tassement de la croissance économique en Chine, l'augmentation durable des prix de l'énergie, de l'alimen-

tation et des matières premières, la pression à la hausse des taux d'intérêt directeurs, le risque de crise financière systémique, l'instabilité allemande, la pénurie de main-d'œuvre qualifiée qui touche la plupart des pays développés, ou encore l'incertitude sur les marges de manœuvre réelles de l'administration Biden après les élections de mi-mandat, pourraient concourir à un effritement de la croissance économique mondiale.

- **Les grands États accélèrent leurs stratégies d'investissement** en recherche-développement, dans les domaines technologique, énergétique et sanitaire, avec une volonté d'autonomisation croissante. En parallèle, gouvernements et entreprises se confrontent de plus en plus à de grands dilemmes, entre croissance économique, gestion et adaptation à la crise environnementale en cours qui va s'approfondir, impasses énergétiques, ou encore interrogations sur la faisabilité à moyen terme, voire l'intérêt de certains vecteurs de transition numérique, écologique ou énergétique...
- **Enfin, les disparités régionales sociales et économiques s'aggravent** (y compris au sein de la zone euro), **les crises politiques et humanitaires se multiplient** (entre autres en Afghanistan, en Turquie, potentiellement dans plusieurs pays d'Amérique latine), avec le risque d'un rebond des problématiques migratoires, en particulier pour l'Union européenne.

Pour conclure, quelques éléments nous semblent donc particulièrement essentiels à suivre dans les mois à venir pour continuer à actualiser ces réflexions : les résultats des élections de mi-mandat aux États-Unis, l'avenir des économies allemande et chinoise, et enfin les risques d'escalade autour de sujets de tensions territoriales et politiques actuelles (Ukraine, Taiwan, Iran et Israël...).

Les scénarios et les messages clefs en date d'août 2021 sont librement accessibles sur le site de Futuribles (lien dans la note de bas de page 2). ■

Pour une prospective post-Brexit

Par Derek Martin [1] et Jean-François Drevet [2]

C'est le 31 janvier 2020 qu'a été signé l'accord de retrait du Royaume-Uni de l'Union européenne (UE), suivi, au terme de difficiles négociations, d'un accord du 30 décembre 2020 définissant les modalités de coopération entre l'UE et le Royaume-Uni. Cet accord de commerce et de coopération est entré définitivement en vigueur en mai 2021, actant officiellement le Brexit. Mais tout est loin d'avoir été réglé (comme on a pu le voir dans le domaine de la pêche ou de l'Irlande du Nord) et la question des perspectives d'évolution, à la fois du Royaume-Uni en tant que pays fonctionnant en solo à l'international, et de sa relation avec l'UE, reste assez largement ouverte, tant sur le plan économique et commercial, que sur le plan diplomatique.

Derek Martin et Jean-François Drevet essaient ici d'y apporter quelques éléments de réponse et d'éclairer l'avenir de l'après-Brexit de part et d'autre de la Manche. Où en sont les relations entre Londres et Bruxelles ? Peuvent-elles rester durablement « acrimonieuses » ? Le Royaume-Uni résistera-t-il aux tensions suscitées par le Brexit dans les pays celtes ? Peut-il retrouver une stature internationale d'envergure ? Deux scénarios sont mis en avant : l'avènement d'une Global Britain *(probablement illusoire) ; et le « retour du fils prodigue » dans l'UE (mais à quelles conditions ?). Dans un cas comme dans l'autre, il s'agit d'anticiper ce sur quoi l'après-Brexit pourrait déboucher à moyen-long terme, et de se doter, côté britannique comme côté UE, de stratégies adaptées.* S.D.

Avant le Brexit, la périphérie occidentale de l'Union européenne (UE) ne comptait que quelques confettis : en Europe, des territoires britanniques non membres de l'UE (les îles Anglo-Normandes et l'île de Man) et des PTOM [3] du Danemark, de la

1. Expert indépendant en planification territoriale.

2. Ancien fonctionnaire à la Commission européenne. Les propos exprimés ici n'engagent que leur auteur.

3. Pays et territoires d'outre-mer : une catégorie qui regroupe les possessions éloignées des États membres, non incluses dans l'UE comme les DOM (départements d'outre-mer), mais sous leur souveraineté.

France, des Pays-Bas et du Royaume-Uni. Aujourd'hui, après le séisme qui a placé hors Union un de ses principaux États membres, ses limites ne sont plus sur l'Atlantique, mais dans le pas de Calais.

© Ivan Marc / Shutterstock

Suite à cette opération sans précédent de retranchement du territoire communautaire, au-delà de la relation inévitablement acrimonieuse de la phase actuelle, d'importants problèmes sont à résoudre et des perspectives nouvelles à tracer sur un long terme qui comporte beaucoup d'éléments d'incertitude.

Comme aiment à le dire ses partisans, le Brexit serait la fermeture d'une parenthèse ouverte par le gouvernement britannique en 1961, quand Harold Macmillan, alors Premier ministre, avait opté pour candidater à la Communauté économique européenne (CEE), offrant une destinée européenne à un royaume encore auréolé de sa victoire dans la Deuxième Guerre mondiale, toujours très fortement lié au Commonwealth et aux États-Unis. Est-il temps de tirer les conclusions d'une ambition qui voulait le mettre « au cœur de l'Europe » (Tony Blair) et qui n'est parvenue à en faire qu'un État membre « *semi-detached* [jumelé] » (*The Economist*) ? Le projet de « *Global Britain* [4] » débouchera-t-il sur un retour au « splendide isolement » de l'époque victorienne ? L'Angleterre (puisque les nations celtiques [5] ont une autre position) veut-elle faire abstraction de plus d'un demi-siècle de « continentalisation », suite à l'adhésion à la CEE (1973) et à la construction du tunnel sous la Manche ?

Le Brexit a montré que s'il était difficile d'entrer dans l'UE (ce que nous savions déjà), il était encore plus difficile d'en sortir. En dépit de quatre années de négociations intenses, il reste encore beaucoup à faire. Sur le continent, les souverainistes qui s'en étaient réjouis en 2016, en pensant qu'il ferait école, sont aujourd'hui plus discrets. Il est significatif que leurs manifestes électoraux ne

4. Qui correspond au retour à la vision victorienne d'un Royaume-Uni mieux connecté au monde qu'à l'Europe à travers la communauté des pays de langue anglaise, le Commonwealth et la mondialisation.

5. Écosse, Irlande du Nord et Pays de Galles.

réclament plus la sortie de l'UE, ni même de la zone euro. Car le Brexit a été un test de résistance qui a mis en évidence la résilience de l'UE, ce qui a surpris les Européens, même les plus convaincus. Quant à ceux qui pensaient qu'il donnerait le signal de la destruction de l'UE, ils en ont été pour leurs frais.

Cette mutation sans précédent appelle des réponses à des questions fondamentales :

— Même si ce n'est pas ce que souhaiteraient les Brexiters, la Manche restera toujours plus étroite que l'Atlantique : quand ils affirment qu'il est possible d'oublier l'Europe, en ont-ils les moyens ?

— Comment devra se comporter l'Union avec un royaume déjà *semi-detached* et désormais complètement séparé, alors qu'il représente la plus grande part de sa périphérie occidentale dans la « Boussole stratégique » d'une Europe à 360 degrés [6] ? Au-delà des contentieux commerciaux, une UE qui doit accorder plus d'attention à ses périphéries sera-t-elle en mesure d'investir dans des relations fortes et durables ?

Dans cette démarche exploratoire, nous commencerons par une analyse de la relation acrimonieuse du futur proche, avant d'esquisser deux scénarios à moyen ou à long terme : la faisabilité de *Global Britain*, le projet vendu par les Brexiters à l'opinion britannique, et l'éventualité d'un « retour du fils prodigue » vers une proximité plus ou moins forte avec l'UE.

Une relation inévitablement acrimonieuse ?

Au-delà des disputes actuelles et des calculs à courte vue des politiciens, quelles peuvent être les composantes d'une relation à long terme ? D'importants problèmes restent à résoudre : les contentieux sont potentiellement innombrables et les disputes ne font que commencer : l'Irlande du Nord, les migrations transmanche et la pêche, en attendant d'autres frictions aux autres frontières terrestres du Royaume-Uni, à Gibraltar ou à Chypre. D'autres problèmes vont survenir, concernant, entre autres, des différends commerciaux, la protection des données, les régulations financières et la gestion de la future taxe carbone.

6. La Boussole stratégique (*Strategic Compass* en anglais) est un document élaboré par le Service européen pour l'action extérieure visant à définir une vision stratégique commune de sécurité et défense de l'UE. Elle est en discussion et devrait être adoptée au printemps 2022. URL : https://eeas.europa.eu/sites/default/files/towards_a_strategic_compass-2021-11.pdf. Consulté le 31 janvier 2022 (NDLR).

Des négociations houleuses

Désormais exclus des complexes négociations internes de l'UE, les Brexiters présument qu'en convainquant quelques grands pays, ils parviendront à leurs fins : obtenir les dérogations qui sont nécessaires au maintien de leur accès au marché unique et à la gestion de leurs relations de voisinage. Bien que le niveau de cohésion des 27 au cours de la négociation du retrait ait été pour eux une surprise désagréable, ils imaginent pouvoir retourner à leur vieille politique du diviser pour régner (*divide and rule*). Puisque les relations avec Londres font désormais partie de la politique étrangère de l'UE, où se maintient la règle de l'unanimité, ils estiment qu'ils pourront exploiter les divisions habituelles du Conseil européen.

Aussi longtemps que Londres y disposait d'un siège, ses disputes avec ses partenaires et avec la Commission européenne restaient dans les limites du cadre communautaire. Grâce à cet acquis essentiel, encore que trop peu apprécié, de la construction européenne, les empoignades ne pouvaient aller très loin. Chaque État membre savait qu'il aurait à un certain moment besoin des autres, ce qui le conduisait à modérer ses propos et à ne pas faire monter la pression dans les médias.

Comme les Britanniques ne sont plus assujettis à cette retenue, il n'est pas surprenant que les relations soient devenues acrimonieuses et susceptibles de déboucher sur des conflits. Avec un gouvernement élu sur le slogan « *Get Brexit done* [Réaliser le Brexit] » et qui doit montrer, éventuellement contre l'évidence, qu'il a fait le bon choix, c'est encore plus probable : il s'est engagé à faire du Brexit un succès, un pari idéologique plutôt que politique et économique. C'est pourquoi il n'a pas les moyens de montrer beaucoup de flexibilité.

Si l'UE a bien mené la négociation du Brexit, c'est qu'elle s'est concentrée sur les aspects commerciaux, où la Commission européenne dispose de compétences étendues, ce qui sera encore le cas d'une bonne partie du contentieux à venir. Or, l'exécutif européen a presque toujours fait preuve d'une assez grande fermeté vis-à-vis des pays tiers. Bien que le Royaume-Uni ne soit pas un petit pays éloigné, il se heurte à un bloc de 450 millions d'habitants avec qui il sera le plus souvent en position de demandeur [7]. À chaque modification des règles du marché unique à Londres, Bruxelles sera en droit de réglementer l'accès des produits britanniques. D'après *The*

7. « Time to Choose: Brexit Many Contradictions Are Coming to a Head », *The Economist*, 1er janvier 2022, p. 11.

© Ilyas Tayfun Salci / Shutterstock

Economist, le Royaume-Uni étant « trop grand pour accepter d'être bousculé mais trop petit pour se frayer un chemin [8] », les controverses vont se multiplier, en l'absence de mécanismes de conciliation, qui restent à inventer.

Indépendamment des questions commerciales, il reste beaucoup de questions à discuter où le Royaume-Uni serait en meilleure position. Les problèmes de sécurité n'ont pas été abordés dans les négociations du Brexit, parce que Londres s'est mis en dehors de la politique européenne de sécurité. En principe, les relations existantes ne sont pas touchées par le Brexit. Elles restent intactes et à gérer soit en bilatéral, soit dans le cadre de l'Organisation du traité de l'Atlantique Nord (OTAN), avec toutes les faiblesses apparues récemment dans le fonctionnement de l'Alliance atlantique en Méditerranée, un sujet d'intérêt important pour le Royaume-Uni, qui souhaite maintenir ses bases à Chypre (elles sont enclavées dans le territoire communautaire et sujettes à des accords spécifiques). Bien qu'il n'y ait pas de lien officiel, on ne peut douter que tout cela aura un impact sur les relations entre Londres et Bruxelles.

S'il avait encore été membre de l'UE, le Royaume-Uni aurait-il trempé dans le complot des sous-marins australiens (AUKUS / Australia, United Kingdom, United States) ? De même, l'aggravation des disputes sur les migrations à travers le pas de Calais n'est pas sans rapport avec le Brexit. Par ailleurs, il est évident que la construction d'une architecture de sécurité en Europe, notamment avec la Coopération structurée permanente (CSP / PESCO en anglais, *Permanent Structured Cooperation*), ne peut faire abstraction du cas britannique, avec qui il faudra trouver une relation opérationnelle, notamment en cas de montée de l'insécurité à la périphérie de l'Europe.

Les risques d'un royaume désuni

À moins de remettre en cause les accords du Vendredi saint (1998), qui ont acté les limites de l'Irlande du Nord, il y aura une frontière économique et commerciale entre les deux îles. Jusqu'à présent, les

8. « Charlemagne: Noisy Neighbours », *The Economist*, 6 novembre 2021, p. 24.

conservateurs n'acceptent pas ce « fait accompli », mais il existe un large consensus pour leur faire respecter ces accords, notamment dans l'administration Biden. Alors qu'elle était, selon sa propre expression, « une île derrière une autre île », l'Irlande (dans sa totalité, puisque le Nord reste dans le marché unique) devient directement connectée au continent, alors qu'auparavant, elle communiquait avec celui-ci à travers l'Angleterre. Des liens directs avec la France se développent et le maintien de l'Irlande du Nord dans le marché unique lui ouvre de nouvelles opportunités, ce qui ne va pas échapper à l'Écosse et au Pays de Galles.

Après avoir refusé l'indépendance par une majorité de 55 % en 2014, l'Écosse a voté massivement (62 %) contre le Brexit en 2016. À la Chambre des communes, 48 des 59 sièges sont aux mains des nationalistes, qui en détiennent aussi 64 sur 129 au Parlement écossais. De préférence à la sécession, qui poserait de graves problèmes économiques, les Écossais voudraient se libérer de la gouvernance de l'élite anglaise, ce qui peut accélérer une réforme du système politique britannique, car les nations celtiques sont devenues plus conscientes de leur identité.

L'exceptionnalisme britannique, la conviction que l'on peut avancer seul jouent un rôle vital dans le Brexit, qui a ses racines dans la mentalité insulaire, dans la nostalgie impériale, dans le fait que l'anglais soit devenu la principale langue internationale, et que ce peuple se sente très différent des autres. Ceci est reflété par la position unique de la famille royale : sur le continent, on ne réalise pas toujours ce que les *Royals* représentent dans la Constitution (non écrite). À 95 ans, la reine est très respectée par la majorité des Britanniques, mais on ne peut pas en dire autant de ses héritiers. Si le statut de la famille se dégrade, il en ira de même du système politique, qui sera alors ouvert à des changements assez profonds.

Le problème comporte aussi une dimension internationale. La conviction de continuer à jouer un rôle important dans le monde est liée à la réputation de la famille royale. La reine est chef du Commonwealth, qui compte 54 pays. Quand elle viendra à mourir, celui-ci pourrait bien commencer à perdre une partie de son prestige. L'Australie et la Nouvelle-Zélande

© Tpyxa_illustration / Shutterstock

pourraient abandonner l'*Union Jack* et les petites nations devenir des républiques, comme vient de le décider la Barbade. Ainsi, l'illusion du Royaume-Uni mère des nations de langue anglaise va se dissiper.

À ce point, nous pouvons en conclure que la situation intérieure du Royaume-Uni est devenue incertaine, politiquement, socialement et économiquement. Ce qui ressort de cette incertitude ne peut manquer d'influer sur la gestion du Brexit. Deux types d'évolutions sont à analyser : un véritable divorce, avec le succès de « *Global Britain* », et une réconciliation, avec le « retour du fils prodigue » vers l'UE sous une forme ou sous une autre.

Des scénarios alternatifs

Les illusions de Global Britain

D'après les Brexiters, il est évident que leur pays retrouvera des marges d'action qui compenseront, et au-delà, ses pertes sur le marché européen. Illustré par la ministre des Affaires étrangères, le scénario de *Global Britain* serait assuré du succès : Liz Truss invite les milieux d'affaires britanniques à « oublier l'Europe [9] » avec un argumentaire qui emprunte au « pivotement » de l'Amérique vers l'Asie. Elle proclame sa foi dans les potentialités commerciales asiatiques : forte croissance économique, émergence d'une classe moyenne à hauts revenus appelée à consommer des produits et des services de plus en plus coûteux. Elle préconise la création d'une « version économique de l'OTAN », puisque l'Alliance est aussi invitée à se mondialiser. Elle se déclare convaincue que le Royaume-Uni, libéré des contraintes de l'appartenance à l'UE, est bien placé pour profiter des nouvelles opportunités des marchés émergents.

Dans un rapport repris par *The Guardian* en octobre 2021, l'Office for Budget Responsibility (OBR) [10] est d'un avis opposé. Il constate que le Brexit a déjà frappé durement, avec une réduction des échanges de 15 %. Son impact négatif sur le produit intérieur brut (PIB) britannique sera de l'ordre de 4 % (qu'il compare à celui de la Covid, 2 %) et ses effets seront bien plus durables : « La Covid, c'est pour Noël, alors que le Brexit, c'est pour la vie [...] Le Brexit est

9. MADDOX David, « Forget Europe, ASIA Is Our Future! Liz Truss Sets Out Bold Brexit Vision for UK », *Express*, 7 novembre 2021. URL : https://www.express.co.uk/news/politics/1517611/brexit-news-liz-truss-european-union-latest-eu-boris-johnson-asia. Consulté le 31 janvier 2022.

10. PORTES Jonathan, « Now It's Official: Brexit Will Damage the Economy Long into the Future », *The Guardian*, 28 octobre 2021. URL : https://www.theguardian.com/commentisfree/2021/oct/28/economy-recovering-covid-brexit-eu. Consulté le 31 janvier 2022.

par nature un enjeu de long terme. » L'OBR ne croit pas à la substitution des partenaires commerciaux défendue par les Brexiters : la perte des marchés européens peut être assez rapide (parce que la création de barrières douanières a des effets immédiats), alors que la conquête des marchés asiatiques prendra du temps. Quant aux nouveaux accords, l'OBR estime qu'une puissance commerciale de 67 millions d'habitants (sans l'Irlande du Nord) comme le Royaume-Uni n'est pas en mesure d'obtenir beaucoup de nouveaux avantages.

Bien que les comparaisons entre les projections et l'évolution effective des échanges révèlent souvent une assez grande marge d'erreur, les pertes déjà observées laissent penser que l'optimisme des Brexiters ne s'appuie pas sur des estimations très réalistes [11]. Quand ils affirment que l'appartenance à l'UE a empêché le Royaume-Uni de diversifier ses échanges, ils se réfèrent aux pertes de marché avec le Commonwealth enregistrées dans les années 1970, une évolution aussi observée au moment de la décolonisation par les anciennes métropoles, indépendamment de leur appartenance à la CEE (ce fut le cas pour la France). En adhérant à la CEE, le Royaume-Uni a compensé ces pertes en bénéficiant de l'ouverture des marchés européens et grâce aux nombreux accords commerciaux obtenus à l'instigation de la Commission. Et personne ne l'a jamais empêché de développer ses échanges avec ses anciennes possessions, où il dispose, d'après le secrétariat du Commonwealth, d'un avantage institutionnel (facilités de la langue anglaise et de l'héritage juridique colonial) estimé à 19 % du coût des transactions [12], déjà effectif dans le cadre de l'UE et qui ne sera pas nécessairement accru par le Brexit.

Si ces échanges restent limités, c'est en raison de la faible compétitivité de certains produits britanniques, un handicap déjà observé dans le cadre du marché unique européen (notamment en comparaison avec l'Allemagne) et qui ne sera pas facile à compenser face aux économies asiatiques devenues bien plus concurrentielles que dans les années 1970, grâce au bas coût et à l'élévation des qualifications de leur main-d'œuvre.

L'ouverture des marchés asiatiques exige aussi des contreparties. Avec la Chine, Londres présumait qu'une assez grande souplesse par rapport à ses partenaires européens lui apporterait des avan-

11. « Happy Now? How a Year Outside the EU's Legal and Trading Arrangements Has Changed Britain », *The Economist*, 1er janvier 2022, p. 23-25.

12. Voir MARTIN Derek, « Le Brexit est-il inévitable ? » ; et DREVET Jean-François, « Géopolitique du Brexit : les risques de l'isolement », *Futuribles*, n° 417, mars-avril 2017, respectivement p. 85-94 et p. 95-104.

© Dani Ber / Shutterstock

tages supplémentaires, notamment en investissements chinois au Royaume-Uni. Mais depuis que les États-Unis mobilisent leurs partenaires et alliés contre Pékin, Londres doit s'aligner sur Washington, ce qui n'a pas manqué de détériorer des relations déjà difficiles avec Pékin à cause de Hong Kong [13]. Si l'Europe est en porte-à-faux, c'est encore plus difficile pour le Royaume-Uni de résister à la fois aux pressions chinoises et à l'impact des sanctions américaines.

Dans sa relation commerciale avec les États-Unis, jusqu'à quel point l'économie britannique a-t-elle des intérêts convergents ? De quoi va-t-elle payer un accès élargi à leur marché ? Non seulement le département américain du Commerce n'est pas prêt à lui faire de cadeaux, mais il pourrait exploiter sa fragilité pour en obtenir des concessions refusées par l'UE.

Compte tenu de la complexité des négociations commerciales à l'Organisation mondiale du commerce [14], « le Brexit est un voyage dans des accords commerciaux inconnus [15] », réalité rappelée par le Représentant permanent britannique auprès de l'UE, avant que formuler publiquement cette vérité désagréable ne lui coûte son poste [16].

En fait, *Global Britain* est une idéologie largement basée sur l'émotion, un article de foi dépourvu de rationalité. Ce qui, dans la géopolitique instable que nous vivons aujourd'hui, ne peut faire l'objet d'un scénario positif.

Le retour du fils prodigue ?

Aussi longtemps que la législation du marché unique est encore en grande partie d'application au Royaume-Uni, le retour dans l'UE pourrait s'effectuer dans le cadre d'une négociation courte de type

13. ALBERT Éric, « Après le Brexit, le Royaume-Uni enterre l'âge d'or avec la Chine », *Le Monde*, 8 octobre 2021, p. 33.

14. « Free Exchange: The Fallacy of the Fallback », *The Economist*, 7 janvier 2017.

15. Selon Mohammad Razzaque, chef de la section Commerce du secrétariat du Commonwealth.

16. ROSS Matt, « How Britain Built Its Own Cliff Edge », Global Government Forum, 12 octobre 2018. URL : https://www.globalgovernmentforum.com/how-britain-built-its-own-cliff-edge/. Consulté le 31 janvier 2022.

AELE (Association européenne de libre-échange) — comme en 1993-1994. Mais l'objectif des Brexiters étant de diverger sur tous les points où ils estiment que c'est leur l'intérêt, on peut craindre qu'avec le temps, des écarts accrus ne rendent cette option de moins en moins praticable.

Par ailleurs, il y aurait encore quelques frictions car les options de retrait (*opt out*) dont a bénéficié le Royaume-Uni lorsqu'il était dans l'UE seront difficiles, sinon impossibles, à restaurer : en cas de réadmission, personne n'acceptera de rétablir le rabais britannique et on fera pression sur Londres pour l'obliger à adhérer à Schengen, voire à l'euro. Enfin, une décision qui exige l'unanimité des 27 est toujours sujette à des incertitudes : certains pays seront tentés d'utiliser leur droit de veto pour obtenir des avantages particuliers.

En fait, à moins d'un revirement spectaculaire, le retour de l'enfant prodigue paraît politiquement exclu à court terme et improbable à moyen terme. En 1973, le gouvernement britannique a pu signer le traité de Rome sans en partager les finalités. Serait-ce encore possible, compte tenu des progrès réalisés par l'intégration européenne ? Faudra-t-il compter sur un nouveau contexte (l'aggravation de l'insécurité en Europe qui conduirait à solliciter la force militaire britannique, des menaces russes ou des pressions américaines) pour infléchir la position des Européens ?

Bruxelles voudrait un système à la norvégienne : *fax diplomacy,* adoption automatique des règles du marché unique. Si Oslo reconnaît qu'il n'a pas le choix, il estime ce régime préférable à l'adhésion. Pour Londres qui veut à la fois établir ses propres règles, revenir sur celles adoptées quand il était membre de l'UE et refuser la juridiction de la Cour de justice de Luxembourg, c'est exclu. Mais aura-t-il longtemps le choix ? Le schéma tendanciel serait alors une relation de type UE / Suisse [17], d'adoption graduelle des normes communautaires. Mais en raison de sa complexité, il ne plaît pas à l'UE, qui veut y mettre fin.

De l'utilité de se doter de stratégies post-Brexit

Pour sortir enfin du marasme, les deux parties doivent travailler à la construction d'une relation dépourvue de visions extrêmes et irréalistes. À cet effet, chacune d'entre elles doit se doter enfin des stratégies et des politiques qui lui font défaut aujourd'hui.

---

17. Sur cet aspect, voir DREVET Jean-François, « L'UE et la Suisse : des relations complexes », encadré *in Futuribles*, n° 442, mai-juin 2021, p. 98-99 (NDLR).

À Londres

La géopolitique est au cœur de l'argumentation des Brexiters. C'est parce qu'ils estiment que leur pays doit trouver une autre place dans le monde qu'ils ont défendu la sortie de l'UE, sans que l'on puisse déterminer avec précision quel a été le poids de cet argument dans le vote des Britanniques.

Sur le long terme, le Brexit est un tournant de plus dans leur vision géopolitique : depuis le début du XXe siècle, peu de pays ont connu autant de changements : du *Rule Britannia* de la reine Victoria à la grande île continentalisée par la mise en service du tunnel sous la Manche, le Royaume-Uni a vécu des transformations importantes. À l'évidence, cette nouvelle phase d'exceptionnalisme britannique devrait être moins brillante que le nationalisme romantique des Brexiters.

Si une partie de la classe politique britannique est restée consciente des avantages de l'appartenance à l'UE, elle n'a pas engagé beaucoup d'efforts pour faire partager son analyse à l'opinion, à qui cela a toujours été présenté comme une contrainte. Victime de la campagne permanente d'intoxication développée par les tabloïds, celle-ci a fini par croire que la souveraineté de son pays était bradée et qu'il était grand temps de reprendre le contrôle.

Ensuite, cette poussée d'euroscepticisme, qui n'était pas un cas isolé en Europe, a pris une autre dimension du fait de l'amateurisme du gouvernement conservateur. En promettant un référendum pour piéger les europhobes de l'UKIP (United Kingdom Independence Party), David Cameron a ouvert la boîte de Pandore. Non seulement, comme c'était prévisible, ses efforts de renégociation à Bruxelles n'ont pas produit de résultat significatif, mais de manière imprévue une majorité d'électeurs a opté pour la sortie (« *Leave* »). En négociant un Brexit dur, le gouvernement conservateur a aggravé son cas : ses lignes rouges ont sorti le Royaume-Uni de l'union douanière et du marché unique. Il a mis son pays dans une situation plus éloignée de l'UE que la Turquie, qui pour sa part s'est bien gardée de revenir sur son intégration dans l'union douanière.

Il n'y a jamais eu, au Royaume-Uni, de politique post-Brexit : on s'est contenté d'idéologie, de promesses creuses, de slogans et d'exigences impossibles. En conséquence, il n'y a pas de vision prospective de ce qui doit être fait, pour la simple raison que les Brexiters voulaient une rupture claire en refusant d'en examiner les conséquences, ce qui durera aussi longtemps qu'ils seront au pouvoir. Il faut donc compter sur le temps, afin que le Brexit dur se révèle inacceptable pour la majorité de l'opinion britannique et se traduise par un changement de personnel politique, par exemple après les élections de 2024. C'est seulement à ce moment que pourraient apparaître des politiciens qui auront préparé des stratégies et des politiques réalistes. On pourrait alors envisager un accord d'association plus durable avec l'UE.

À Bruxelles

Pour sa part, Bruxelles a subi le Brexit. Aucun État membre, pas même la France, ne l'a souhaité. À l'exception de quelques partis extrêmes, les Brexiters n'ont pas reçu beaucoup d'encouragements de l'opinion européenne. Comme avec d'autres relations périphériques, l'UE a été prise au dépourvu. Cependant, sa réaction a été efficace : le problème étant principalement de nature commerciale, les négociations se sont déroulées dans un cadre maîtrisé par la Commission et son responsable, Michel Barnier.

L'UE doit-elle aussi se doter d'une stratégie et d'une politique ? Les relations avec le Royaume-Uni font désormais partie de sa politique étrangère, un vaste domaine où elle peine à décider en raison de la prévalence de la règle de l'unanimité. Certes, les questions commerciales vont rester de la compétence de la Commission, mais elles ne seront plus seules en cause.

Dans le contexte d'une politique en devenir, puisque l'intergouvernementalité la domine encore, il ne sera pas aisé de calibrer les relations Londres-Bruxelles. Dans la mesure où elle existe réellement, la politique étrangère de l'UE est un système complexe où les équilibres centre / périphéries devront tenir compte d'autres voisins et pas des plus faciles, si on se réfère à la Russie et à la Turquie, pour ne pas citer les États-Unis et la Chine, plus lointains mais tout aussi importants.

Même en dehors de l'UE, le Royaume-Uni sera toujours un partenaire important. Pour cette périphérie occidentale comme pour les autres, il est donc nécessaire d'élaborer aussi vite que possible des stratégies et des politiques appropriées, en aval de la « Boussole stratégique » en cours d'adoption par le Conseil, afin que l'UE dispose d'un cadre qui lui permette enfin d'agir, au lieu de subir. ■

Les Européens orphelins d'Angela Merkel ?

Par Jean-François Drevet [1]

Après 16 années passées à la tête du plus puissant pays européen sur le plan économique, Angela Merkel a quitté la chancellerie allemande fin 2021, laissant, selon certains commentateurs, l'Union européenne un peu orpheline. Mais est-ce vraiment le cas ? Son départ ne pourrait-il pas être l'occasion de relancer différents pans de la politique européenne ? Selon Jean-François Drevet, un certain nombre de signes émanant de la nouvelle coalition au pouvoir en Allemagne (entre sociaux-démocrates, Verts et libéraux) semblent aller en ce sens. C'est le cas en particulier sur le plan de la relance institutionnelle (avancée vers une Europe fédérale ?) ou du renforcement possible de la politique étrangère pour opposer aux voisins autocrates (Russie et Turquie notamment) des réponses autres que strictement économiques, avec peut-être, pour ce faire, un renouveau du couple franco-allemand. En somme, une nouvelle ère pourrait émerger, grâce à ce passage de relais à Berlin, potentiellement favorisée par la présidence française de l'Union et la mise au clair à venir des relations avec le Royaume-Uni post-Brexit. S.D.

Au-delà des compliments d'usage, le départ de la chancelière Angela Merkel fin 2021 va-t-il donner le signal d'un tournant dans la politique étrangère allemande, comme on peut le penser en lisant le programme de gouvernement de la nouvelle coalition « Feu tricolore » ?

Depuis une décennie, en pensant que le développement des échanges suffirait à empêcher les conflits de dégénérer, l'Allemagne s'est montrée fort conciliante face aux politiques belliqueuses de la Russie et de la Turquie. Avec la volonté d'exploiter son avantage économique, elle n'a pas accordé trop d'importance au souci de sécurité de ses partenaires est- ou sud-européens. Si Angela Merkel est ainsi parvenue à éviter de se brouiller avec ses bons clients, les aléas de trois projets stratégiques pour le commerce extérieur alle-

1. Ancien fonctionnaire à la Commission européenne. Les propos exprimés ici n'engagent que leur auteur.

mand donnent-ils déjà un nouveau signal ?

1. Le gazoduc Nord Stream 2 (d'une capacité annuelle de 55 milliards de mètres cubes) double la capacité d'approvisionnement direct de l'Allemagne en gaz russe. Financé à 50 % par Gazprom, il traverse la Baltique, et prive l'Ukraine et la Pologne de droits de transit. Il avait été combattu par Donald Trump, qui refusait que l'on fasse un tel cadeau à la Russie. Ardemment soutenu par Angela Merkel, qui a finalement obtenu le feu vert de la nouvelle administration Biden, il est à nouveau en difficulté : selon la nouvelle ministre des Affaires étrangères, l'écologiste Annalena Baerbock, sa certification « ne peut pour le moment être autorisée car il ne remplit pas les règles de la législation européenne de l'énergie ». Récemment, pour faire pression sur la Russie, un lien a été établi entre l'ouverture du gazoduc et l'attitude du Kremlin en Ukraine, aussi bien par le secrétaire d'État américain Antony Blinken que par le nouveau chancelier allemand Olaf Scholz. Mais un sondage de mai 2021 indique que les trois quarts des Allemands sont favorables au gazoduc [2].

2. Après sept années de négociations, poussées par Angela Merkel pendant la présidence allemande, l'*EU [European Union]-China Comprehensive Agreement on Investment,* qui avait été accepté par le Conseil européen en décembre 2020, est mis au placard. Sa ratification par le Parlement européen n'est pas acquise, notamment en raison des persécutions subies par les Ouïghours. Les États-Unis et plusieurs États membres n'y étant pas favorables, l'accord a été suspendu par la Commission européenne en mai 2021.

3. La construction en Turquie de six sous-marins, par la firme allemande ThyssenKrupp, qui menaceront la stabilité du bassin oriental de la Méditerranée aussi longtemps que Recep T. Erdoğan poursuivra sa « politique de la canonnière », est fortement critiquée. Refusé par le Conseil européen en décembre 2020, l'embargo demandé par la Grèce et Chypre a fait l'objet d'un débat au Bundestag en janvier 2021. Si une motion en ce sens des écologistes [3] a été rejetée par la coalition alors au pouvoir (Union chrétienne-démocrate / Parti social-démocrate) au nom du respect des contrats déjà signés, le programme de gouvernement

2. Voir l'étude Forsa effectuée pour la German Eastern Business Association : 75 % des personnes interrogées sont en faveur de la mise en service du gazoduc Nord Stream 2. Cette opinion est majoritaire dans tous les partis, y compris les écologistes. URL : https://www.ost-ausschuss.de/sites/default/files/pm_pdf/OA-Forsa-Umfrage-Nord-Stream-handout%20ENG.pdf. Consulté le 26 janvier 2022.

3. Selon Katja Keul du groupe écologiste : « en 2009, le gouvernement fédéral a autorisé la vente à la Turquie de six sous-marins par la firme ThyssenKrupp. La production et la livraison de ces sous-marins sont toujours prévues [...] En 2009, nous avions contracté avec une Turquie différente de celle que nous avons aujourd'hui [...] Erdoğan veut établir son pouvoir hégémonique sur la région. Et que fait le gouvernement fédéral ? Il livre ces sous-marins stratégiquement extrêmement importants à Erdoğan. » Voir la vidéo de son intervention, « Germany: Bundestag Debates Governments Delivery of Submarines and Weapons to Turkey », 30 janvier 2021. URL : https://www.youtube.com/watch?v=9twodhVsGKA. Consulté le 26 janvier 2022.

de la nouvelle coalition prévoit une remise en cause des ventes d'armes aux autocrates.

À Bruxelles, ceux qui n'avaient pas osé s'exprimer avant le départ de la chancelière relèvent la tête, car le tout-commercial d'Angela Merkel est depuis longtemps critiqué, et pas seulement par Donald Trump. Si on se réfère au compromis de gouvernement que vient d'adopter la nouvelle coalition, des changements importants sont invoqués, mais vont-ils se concrétiser durablement ?

En ce début d'année 2022, cette incertitude s'ajoute à beaucoup d'autres. On est encore loin d'avoir mesuré toutes les conséquences du départ des Britanniques. Bien qu'il n'ait pas contribué à la construction de l'Europe, sinon pour en entraver les progrès, cet « acteur géopolitique à la retraite » selon Zbigniew Brzeziński [4], va peut-être nous manquer, notamment à la France, qui est la seule à posséder comme lui une force de projection extraeuropéenne qui fait défaut aux autres États membres.

Par ailleurs, on n'a pas tardé à retrouver, dans la vie quotidienne de l'Europe, des menaces à sa périphérie, notamment du côté de la Russie et de la Turquie qui, faute d'y être associées, jouent les trouble-fête, avec le même objectif que les Brexiters : détruire l'Union européenne (UE) ou du moins l'affaiblir durablement.

L'excès de tolérance de la politique allemande vis-à-vis des pays perturbateurs de la périphérie a été projeté sur l'UE tout entière par l'immobilisme du Conseil européen, paralysé par la règle de l'unanimité. L'absence d'une politique étrangère commune entraîne de nombreuses rebuffades, comme la fin de 2020 en a donné plusieurs exemples, ouvrant un questionnement fondamental sur la capacité à mettre en mouvement le gros navire de l'UE. Face à l'impuissance du Conseil, beaucoup s'interrogent sur l'éventualité d'un retour au jeu des puissances qui a dominé la diplomatie européenne jusqu'à la Deuxième Guerre mondiale, mais n'a pas su résister à la montée des tensions et des conflits.

Vers un ravalement du couple franco-allemand ?

Face au désir de la France d'avancer vers une Europe politique, affirmé par Emmanuel Macron dans son discours de la Sorbonne [5], Angela Merkel a fait la sourde oreille : puisque la configuration actuelle fonctionnait à son avantage, pourquoi en changer, au prix de débats difficiles en interne, en ayant à faire face aux objections de la Cour constitutionnelle de Karlsruhe et à surmonter l'attachement des Allemands au mythe de

4. *Cf. Le Grand échiquier. L'Amérique et le reste du monde*, Paris : Bayard, 1997 (traduction de *The Grand Chessboard: American Primacy and Its Geostrategic Imperatives*, New York : Basic Books, 1997).

5. « Initiative pour l'Europe. Pour une Europe souveraine, unie, démocratique ». URL : https://www.elysee.fr/emmanuel-macron/2017/09/26/initiative-pour-l-europe-discours-d-emmanuel-macron-pour-une-europe-souveraine-unie-democratique. Consulté le 26 janvier 2022.

Sommet de l'UE, Bruxelles, 23 juin 2017 © Alexandros Michailidis / Shutterstock

la « ménagère souabe » (*i.e.* à la rigueur budgétaire). En fait, l'Allemagne s'est assez bien accommodée de l'UE telle qu'elle était ; elle a craint le coût et les engagements supplémentaires qu'une relance de la construction européenne entraînerait pour elle. Dans cette optique, l'impuissance du Conseil européen ne l'a pas vraiment gênée.

Il en est résulté des tensions dans le couple franco-allemand. Ce n'est pas nouveau : l'attitude de Berlin avait déjà suscité des doutes sur l'avenir du couple en raison de divergences profondes concernant la rigueur budgétaire dans la zone euro, déjà soulignées en 2012 dans ces colonnes [6]. Soutenu par les tenants de la politique de l'inaction (*Do Nothing Policy*) au Conseil européen, favorisée par la règle de l'unanimité qui favorise cette inaction, Berlin l'a emporté contre Paris, plus volontariste mais dépourvu de capacité d'entraînement.

On a beaucoup reproché à Angela Merkel, russophone élevée en République démocratique allemande, d'avoir manqué de l'esprit rhénan et francophile de ses prédécesseurs. En fait, si le couple a divergé, c'est aussi et surtout à cause de l'évolution du contexte. Il n'y a plus de rideau de fer depuis 30 ans, ce qui n'a pas seulement conduit à l'unification allemande, assumée avec courage et efficacité. L'espace européen s'est démesurément dilaté vers l'est et c'est l'Allemagne qui en a le plus profité, compte tenu de la position dominante qu'elle avait déjà acquise dans les échanges intracommunautaires de l'UE à 15. Ce mouvement a été accentué par la mondialisation, qui l'a mise dans une position de superexportateur de biens d'équipement et de moindre dépendance aux marchés intraeuropéens.

Pour le maintien de ce *statu quo,* elle n'a pas besoin de la France, qui a perdu la prééminence diplomatique que la guerre froide lui avait donnée par rapport à sa voisine. Paris a des charges de puissance mondiale que Berlin n'a pas, qui découlent de son statut nucléaire et de son siège permanent au Conseil de sécurité des Nations unies. À l'inverse de l'Allemagne, elle a les obligations de la puissance sans en avoir les moyens économiques.

6. DREVET Jean-François, « Le couple franco-allemand et la discipline budgétaire », *Futuribles,* n° 384, avril 2012, p. 67-72.

Dans la durée, la prudence de Berlin est un calcul à court terme qui sous-estime les effets du déclin démographique allemand. L'Allemagne table sur le maintien de sa compétitivité, alors qu'elle pourrait connaître le destin du Japon. Elle fait surtout abstraction du contexte international, qui n'est plus aussi paisible qu'au moment de l'arrivée d'Angela Merkel à la chancellerie, et des risques pour la sécurité qui s'accroissent aux périphéries européennes.

La nouvelle coalition affirme son souhait d'avancer vers une Europe fédérale, donc plus loin que ce que souhaite la France où la logique inévitable du fédéralisme est toujours aussi incomprise. Berlin veut maintenant accroître la souveraineté stratégique de l'Europe, se prononce en faveur d'un ministre européen des Affaires étrangères et du passage au vote à la majorité qualifiée dans ce domaine.

À long terme, comme les autres États membres, l'Allemagne a besoin d'un supplément de sécurité que l'organisation institutionnelle actuelle n'est pas en mesure de lui apporter, ce qui devrait l'inciter à mettre en œuvre le programme de la nouvelle coalition. En renforçant la construction européenne sur un modèle plus politique, elle se rapprocherait de la France. La relance du couple franco-allemand que l'on attend maintenant depuis plus d'une décennie aurait sur l'UE tout entière un impact susceptible de déboucher sur des résultats concrets, puisque les Britanniques ne sont plus là pour l'« obstacler » (selon l'expression pittoresque de Winston Churchill à Charles de Gaulle).

Le fantôme britannique

Londres n'est plus présent à la table du Conseil, mais son fantôme erre dans les couloirs. Parmi les interrogations qui se sont multipliées depuis le référendum de 2016, on ne s'est pas trop intéressé à celles du long terme, parce qu'on était convaincu que le Brexit ne serait qu'une distraction réversible. Si le retour à la vision churchillienne de la « triple centralité » du Royaume des années 1950 (entre l'Europe, les États-Unis et le Commonwealth), remise en selle par les Brexiters, n'est pas une complète illusion, il viendra un moment où les Britanniques devront réinvestir sur l'Europe.

Dans l'avenir, le rapport de forces pourrait évoluer, probablement pas en faveur des Britanniques, mais en raison de l'évolution du contexte qui mettrait l'UE en besoin de se rapprocher de l'« Anglosphère », et donc d'une Grande-Bretagne éventuellement revigorée par son exposition au grand large. C'est le rêve des Brexiters. S'il n'a pas beaucoup de chances de se réaliser, certaines de ses composantes peuvent devenir des réalités. Une Europe faible, incapable de remonter ses capacités de défense au niveau requis par son besoin de sécurité, aura besoin des Britanniques ou devra compter avec eux pour mobiliser les États-Unis. Ou bien une Europe forte retrouvera sa capacité d'attraction.

Londres a définitivement besoin d'une politique pour calibrer ses relations avec l'UE (elle en est actuellement dépourvue), mais c'est vrai aussi pour l'UE qui a été seulement réactive et ne s'est pas (pas encore ?) dotée d'une stratégie britannique [7].

L'UE, la Russie et la Méditerranée

Cette chronique a alerté à de nombreuses reprises les lecteurs de *Futuribles* sur la dégradation des relations de l'UE avec ses périphéries, ainsi que sur les risques que cela comporte pour sa sécurité. Parmi tous ces problèmes, les plus aigus concernent la Turquie et la Russie. Bien que la démocratie s'y soit constamment dégradée depuis deux décennies et que le comportement de ces pays s'écarte durablement du respect du droit international, l'UE n'a pas exercé de pressions adéquates sur eux. En fait, on ne peut pas baser des relations de voisinage sur des discours moralisateurs et des sanctions inopérantes. En raison de cela ou peut-être à cause de cela, l'agressivité des deux autocrates s'est accrue en proportion de la détérioration de leurs économies.

La politique qui consistait à les rendre plus raisonnables en attendant un changement des équipes au pouvoir, puis en frappant leurs économies, n'a pas fonctionné. Elle ne peut réussir qu'avec des mesures beaucoup plus sérieuses ou à très long terme. À Moscou et encore plus à Ankara, on a besoin d'un ennemi et l'Europe est idéale de ce point de vue : on ne prend pas beaucoup de risques à la braver et on peut en retirer des succès apparents vendables à une opinion publique nationaliste et désinformée. Au demeurant, les deux pays convergent aussi dans leur désir de déstabilisation de l'Alliance atlantique : Moscou la conteste à l'extérieur et Ankara la désorganise de l'intérieur. L'abaissement de l'UE est un objectif des Brexiters que partagent les présidents Erdoğan et Poutine. Encouragé par la faiblesse des réactions aux dernières rebuffades subies par les dirigeants européens, le Kremlin ne veut plus parler qu'avec les États-Unis.

Alors que ces attitudes étaient prévisibles, l'Europe n'a pas tracé de lignes rouges ou opté pour des sanctions efficaces. Elle n'a pas, à ce stade, de politique de rechange. En supposant qu'il n'y aura pas d'aggravation, elle se contente d'attendre des « révolutions de couleur », qui ne sont pas improbables mais qui n'apporteront de solution qu'à une partie des problèmes, comme d'autres pays de la périphérie en donnent l'exemple.

Avec la Turquie, l'UE s'est fourvoyée en plaçant ses relations dans une perspective d'adhésion, impossible pour de multiples raisons qu'il serait trop long d'exposer ici. Il en résulte une relation

7. Sur ce point, voir MARTIN Derek et DREVET Jean-François, « Pour une prospective post-Brexit », en page 83 de ce numéro.

© Patrice6000 et MikroArt / Shutterstock / montage Futuribles

transactionnelle qui multiplie les confrontations. Le « partenariat privilégié », qui était une solution acceptable par les deux parties, en a été rendu impraticable. Le pire n'est pas à exclure, du fait de l'absence de réaction du Conseil européen aux agressions turques qui touchent le territoire européen lui-même, ce que n'a pas osé faire Moscou.

Du fait de l'incompatibilité des objectifs des deux parties, la rivalité UE-Russie dans l'« étranger proche » a atteint un niveau insupportable. Le Kremlin veut restaurer l'Union soviétique et notamment rétablir son influence exclusive sur l'Ukraine. Bruxelles voudrait que les ex-républiques soviétiques se comportent comme des pays indépendants, libres de choisir leurs alliances. Aucune des deux parties n'a les moyens de sa politique : la Russie ne parviendra pas à enrayer l'évolution de son ancien empire vers des relations internationales plus diversifiées, et sa brutalité accroît leurs tendances centrifuges. Quant à l'UE, elle n'a ni la volonté ni la capacité d'en faire des démocraties pleinement européennes. Voilà 30 années que cela dure, sans autre résultat que des conflits armés de plus en plus violents et une paupérisation accrue des populations.

À l'UE de se donner les moyens de gérer les relations avec son Eurasie en ayant des stratégies et des politiques crédibles : un champ de négociation immense pour la nouvelle équipe allemande, la présidence française et le Service européen d'action extérieure (SEAE).

RETROUVEZ LES DERNIÈRES SÉRIES DE *futuribles*

L'anticipation au service de l'action

La revue *Futuribles* propose régulièrement des séries thématiques alimentées par des articles publiés au fil de ses numéros.

PARMI LES SÉRIES LES PLUS RÉCENTES

Océan, mer, littoraux

Ouverte en 2020 et toujours en cours, cette série comporte une quinzaine d'articles à découvrir ou redécouvrir sur le site de Futuribles : https://www.futuribles.com/fr/serie-mer-et-oceans/ et rassemblés dans un ouvrage présenté en page 64 de ce numéro.

Énergie, climat, transition

Ouverte en 2020 et relancée dans ce numéro, cette série est présentée sur le site de Futuribles, où les articles peuvent être achetés à l'unité ou de manière groupée : https://www.futuribles.com/fr/serie-energie-climat/

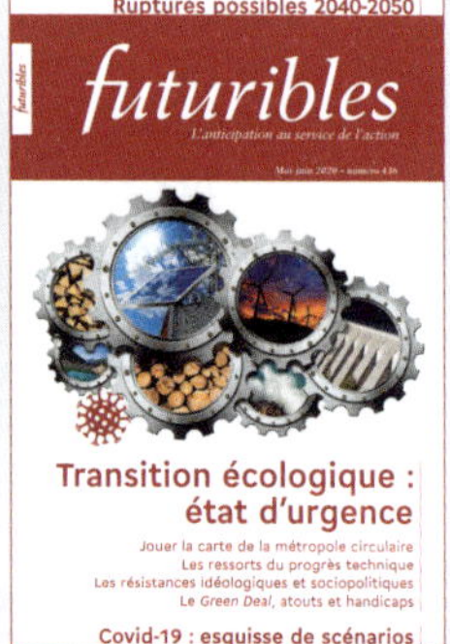

Entreprise et bien commun

Publiée entre 2018 et 2020, cette série est présentée sur le site de Futuribles, où figurent aussi d'autres parutions en lien avec le sujet. Les articles peuvent être achetés à l'unité ou de manière groupée : https://www.futuribles.com/fr/entreprise-et-bien-commun/

Commande / abonnement / information

Futuribles abonnements • 47 rue de Babylone - 75007 Paris - France
Tél. : + 33 (0)1 53 63 37 70 • E-mail : diffusion@futuribles.com
Site Internet : www.futuribles.com/fr/boutique/revue/

Idées & faits porteurs d'avenir*

Les câbles sous-marins, un enjeu géostratégique

Véronique Lamblin

La quasi-totalité (99 %) des communications électroniques intercontinentales (téléphone et Internet) transitent par des câbles sous-marins. Dans les années 1990, le déploiement de câbles de fibre optique reposait sur l'investissement de consortiums d'opérateurs de télécommunications nationaux. Mais depuis les années 2000, des investisseurs aux finances autrement plus garnies ont commencé à supplanter ces opérateurs pour déposer ces câbles au fond des mers : Google, Facebook, Amazon et Microsoft (les GAFAM moins Apple). Ces géants du numérique pourraient contrôler la majorité des câbles sous-marins occidentaux d'ici trois ans. Par exemple, Google en possédera bientôt cinq, et le dernier mis en service, Dunant, relie la côte est des États-Unis à Saint-Hilaire-de-Riez, en Vendée. Facebook participe à au moins six consortiums de câbles sous-marins et Google détient des intérêts dans au moins 13 câbles depuis 2010 [1]. Facebook dirige un consortium, 2Africa, qui déploiera le plus long câble du monde, 37 000 kilomètres, autour de l'Afrique d'ici à 2023.

Ainsi les entreprises de télécommunications qui vendaient du transport de données aux entreprises du Net dans les années 1990 sont aujourd'hui devenues leurs clients ou leurs sous-traitants puisqu'elles ne gèrent plus que l'atterrissage des câbles du fond des mers à la terre et leur parcours sur les territoires nationaux. Les entreprises qui déposent leurs données dans le *cloud* sont aussi de plus en plus dépendantes de ces infrastructures privées et américaines : Amazon pèse 31 % du marché du *cloud*, Microsoft 20 % et Google 7 %. Au passage, ces données sont potentiellement accessibles à l'administration américaine grâce au *Cloud Act*, sur

1. Voir CUENOT Christophe, « Les câbles sous-marins », IDNA. URL : https://www.idna.fr/2020/11/03/les-cables-sous-marins/. Consulté le 31 janvier 2022. Notons que le nombre de câbles signifie peu : les anciens câbles (durée de vie de 25 ans ou plus) transportaient moins de données que les câbles récents ; par ailleurs, un câble sous-marin reliant deux petits pays de la mer Baltique a moins d'importance stratégique qu'un câble transatlantique ou transpacifique.

La plupart des textes publiés dans la rubrique Actualités prospectives sont issus de Vigie, le système de veille mutualisée de l'association Futuribles International (NDLR).

Toile de câbles et *hubs* sensibles

Source : DELMAS Elsa et MARIN Cécile, *in Manière de voir*, n° 178, août-septembre 2021. URL : https://www.monde-diplomatique.fr/cartes/cables-sous-marins. Consulté le 31 janvier 2022.

simple requête d'un juge ou des autorités américaines [2].

Le trafic mondial de données a explosé (il serait 130 fois plus important en 2021 qu'en 2005) avec la vidéo et le téléstockage (*cloud*) dans des serveurs répartis dans le monde. Les GAFAM utilisent déjà la moitié de la bande passante mondiale et ils pourraient en utiliser 80 % d'ici à 2027 [3].

Mais les géants de l'Internet (souvent en consortium) ne sont pas les seuls à mesurer l'importance de ces câbles sous marins. La Chine en particulier investit, via ses opérateurs de télécom, dans les infrastructures physiques

2. GAVETTI Jules-Henri, « Le *Cloud Act*, un texte sécuritaire américain qui inquiète », *L'Usine digitale*, 1er février 2019. URL : https://www.usine-digitale.fr/article/le-cloud-act-un-texte-securitaire-americain-qui-inquiete.N800995. Consulté le 31 janvier 2022.

3. PERRAGIN Charles et RENOUARD Guillaume, « Les câbles sous-marins, une affaire d'États », *Le Monde diplomatique*, juillet 2021.

des câbles, notamment quand ils sont liés à l'Asie. Depuis 2010, les consortiums asiatiques de trois pays (Chine, Thaïlande et Singapour) assurent en moyenne 9 % des investissements mondiaux en câbles sous-marins, contre 1 % entre 1987 et 2010. Entre 2016 et 2019, les entreprises chinoises ont participé à 20 % des constructions de câbles, dont plus de la moitié sont localisés en dehors de la mer de Chine méridionale, et en particulier dans les pays émergents (les routes de la soie numériques). China Unicom a par exemple investi dans une liaison entre le Brésil et le Cameroun en échange d'un accès aux zones de pêche. La première liaison à fibre optique chinoise entre la France (Marseille) et l'Asie se nomme, non sans un zeste d'ironie, PEACE, acronyme de Pakistan and East Africa Connecting Europe, et elle devrait entrer en service en 2022.

Le sujet est sensible car, comme l'a révélé Edward Snowden, l'interception de câbles à l'aide de sondes placées aux points d'atterrissage permet de capter les communications, donc d'écouter ou de lire des conversations sensibles, politiques ou concernant des secrets industriels. Pour ne pas être en reste, la France, via la DGSE (Direction générale de la sécurité extérieure) collabore avec la NSA (National Security Agency des États-Unis) depuis 2008 pour ces écoutes.

Ces câbles étant indispensables à l'économie numérique, ils constituent aussi un enjeu de défense car ils pourraient être coupés en cas de conflit. Aussi le secrétaire général de l'OTAN (Organisation du traité de l'Atlantique Nord), Jens Stoltenberg, demandait fin 2020 à ce que des missions de surveillance et de protection des câbles sous-marins soient davantage développées. Les ministères des Armées peuvent utiliser des navires de surveillance, des drones sous-marins ou des systèmes de sonar déposés sur les fonds marins pour se prémunir contre une « guerre des fonds marins » (*seabed warfare*). Mais pour l'heure, seules la Syrie et l'Égypte ont coupé leurs propres câbles, dans un contexte particulier, pendant les « printemps arabes » de 2011, pour bloquer l'organisation de la rébellion. La grande majorité des coupures sont plutôt accidentelles, causées par des bateaux de pêche près des zones côtières.

Les pays européens, incapables de concurrencer les géants du Net pour ces infrastructures numériques, préfèrent multiplier les liaisons par câble et les prestataires (américains et maintenant chinois), afin de s'assurer une résilience numérique en cas de coupure.

Certes, les constellations de satellites pourront compléter un jour les câbles sous-marins pour transmettre les données Internet, mais pour l'heure les câbles peuvent transporter bien plus de données que les satellites et à bien moindre coût. Les satellites sont très utiles pour distribuer du contenu (surtout si la fibre n'accède pas à la zone de réception), mais ils sont moins performants pour recevoir des contenus de sources dispersées, ce qui induit un temps de latence important (temps de transmission entre le satellite et la Terre). Il reste que, dans ce domaine aussi, les seuls projets avancés sont américains : *Starlink* de SpaceX, *Kuiper* d'Amazon et plus récemment un projet de Boeing. À quand la première constellation chinoise ? ■

Source : PERRAGIN Charles et RENOUARD Guillaume, *op. cit.*

La « grande démission » : crise de l'emploi post-pandémie

Marc Malenfer

La « *great resignation* » ou « *big quit* » que l'on peut traduire par la « grande démission » inquiète les économistes et les médias nord-américains depuis l'automne 2021 [1]. C'est notamment la publication des statistiques de l'emploi du mois d'août qui a révélé l'ampleur du phénomène : lors de ce seul mois, 4,3 millions d'employés ont démissionné aux États-Unis, faisant grimper le taux de *turnover* à 2,9 %, soit un demi-point au-dessus de son niveau prépandémique. Le taux de participation au marché de l'emploi (personnes en emploi ou en recherche d'emploi) est ainsi tombé à 61,6 % en septembre, perdant deux points en 18 mois. La crainte est que ce taux ne retrouve pas son niveau antérieur en raison des effets de palier observés à la suite des précédentes crises ; son niveau était de 66 % avant celle de 2008. Cela fait donc plusieurs années que les États-Unis voient sortir du marché de l'emploi une partie de leur population en âge de travailler, ce phénomène ayant également été alimenté par la crise des opioïdes [2].

Plusieurs causes

Pour expliquer ce phénomène, plusieurs causes ont été avancées, notamment liées à la conjoncture économique. Certains ont d'abord estimé que les aides gouvernementales distribuées aux ménages américains pendant la crise pouvaient susciter des arbitrages défavorables au travail. Mais en août, les versements de ces aides avaient déjà cessé dans la majorité des États. Les départs en retraite ont également été multipliés par trois avec la crise, les aides évoquées ci-dessus et les très bons résultats des placements en Bourse ces derniers mois incitant des travailleurs âgés à anticiper leur départ. Ces chiffres seraient aussi gonflés par l'écoulement d'un solde de démissions reportées, certains salariés ayant différé leur projet de départ en attendant la sortie de la crise.

Mais les observateurs évoquent aussi une évolution du rapport au travail qui se serait cristallisée à l'occasion de la crise pandémique. Celle-ci aurait conduit certains

1. LE BILLON Véronique, « La "Grande Démission", le mouvement qui inquiète aux États-Unis », *Les Échos*, 25 octobre 2021.

2. CONESA Elsa, « La crise des opioïdes, un défi pour le marché du travail américain », *Les Échos*, 2 septembre 2018.

Taux de chômage et de démission aux États-Unis sur les 20 dernières années (en %)

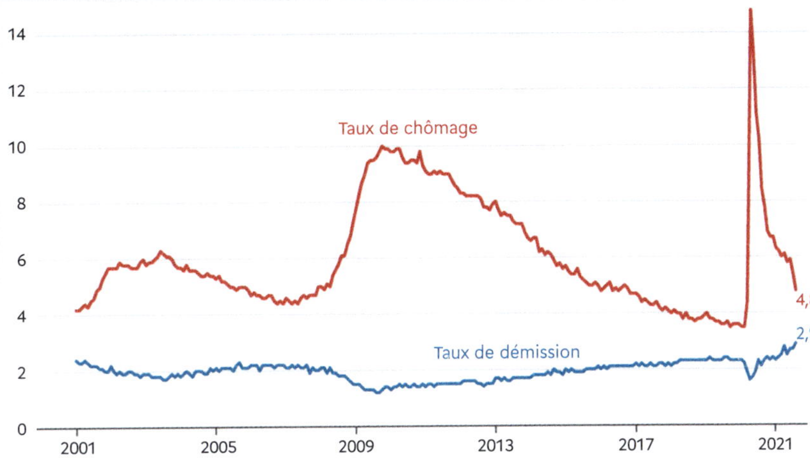

Source : BLS (Bureau of Labour Statistics) / LAMBERT Lance, « The Great Resignation Is No Joke », *Fortune*, 22 octobre 2021. URL : https://fortune.com/2021/10/21/the-great-resignation-is-no-joke/. Consulté le 31 janvier 2022.

travailleurs à revoir leurs priorités en matière d'équilibre entre vie personnelle et vie professionnelle, à s'interroger sur le sens de leur travail et sur le niveau de reconnaissance qui lui est associé. Ainsi les métiers de service occupés par des femmes sont les plus concernés. En août, aux États-Unis [3], le taux de démission des femmes était de 5,5 % contre 4,4 % chez les hommes ; les secteurs les plus touchés sont la grande distribution, l'hôtellerie-restauration et l'aide à la personne ; et la classe d'âge des 35-40 ans est particulièrement concernée, avec une augmentation de 20 % des démissions par rapport au niveau d'avant-crise. Il ne s'agit donc pas d'un problème marginal. Les pénuries de main-d'œuvre ont entraîné mécaniquement une hausse des salaires dans les secteurs concernés, mais la rémunération n'est manifestement plus le seul critère d'arbitrage dans les choix opérés par les travailleurs, la qualité de la couverture sociale proposée par l'employeur, la possibilité de travailler depuis chez soi, mais aussi les conditions de travail seraient désormais devenues déterminantes.

En France, les mêmes secteurs en difficulté

Si la situation américaine revêt bien des particularités, notamment concernant le système de protection sociale, on observe également en France des pénuries de main-d'œuvre dans les mêmes secteurs d'activité. Secteur emblématique, la santé est particulièrement touchée par les

3. SEIBT Sébastian, « Aux États-Unis, le mystère de la "Grande Démission" de millions d'Américains », France 24, 15 octobre 2021. URL : https://www.france24.com/fr/éco-tech/20211015-aux-états-unis-le-mystère-de-la-grande-démission-de-millions-d-américains. Consulté le 31 janvier 2022.

départs de personnels soignants qui, après les premiers pics de crise durant lesquels ils se sont fortement investis sous les applaudissements de la population et des pouvoirs publics, ont mis à profit les périodes d'accalmie pour quitter des emplois particulièrement éprouvants, au point de provoquer des fermetures de lits dans de nombreux hôpitaux. Mais les emplois de seconde ligne sont aussi concernés, avec par exemple la grande distribution qui ne parvient pas à pourvoir de nombreux postes faiblement qualifiés. Enfin, le secteur de l'hôtellerie-restauration n'arrive pas à faire revenir les nombreux travailleurs qui l'ont quitté durant ses périodes de paralysie, le nombre de postes vacants y est estimé entre 100 000 et 150 000. En période de baisse du taux de chômage, les revalorisations salariales en cours de négociation ne seront sans doute pas suffisantes, car ce que les salariés quittent, ce sont aussi des conditions de travail qu'ils ne souhaitent plus endurer : travail les soirs et *week-ends,* horaires décalés, fractionnés, relations tendues avec les clients et usagers, pénibilité physique...

Une accélération de l'automatisation dans les services

Face à ces pénuries de main-d'œuvre sur des emplois faiblement qualifiés, deux leviers peuvent être actionnés. Le premier est celui du recours à une main-d'œuvre immigrée prête à endurer des conditions de travail pénibles et de faibles niveaux de rémunération. Si ce choix semble être assumé par certains voisins européens comme l'Espagne [4] ou l'Allemagne, en France le discours de fermeté sur les questions migratoires oriente *a priori* vers la seconde solution, à savoir celle d'une accélération du recours à l'automatisation et aux technologies pour remplacer les travailleurs manquants. En 2021, le nombre de robots industriels installés dans le monde a ainsi connu un bond de 13 % [5] et on peut s'attendre, dans les prochaines années, à une accélération de l'automatisation dans les services. Les Français devraient donc être de plus en plus souvent confrontés à des caisses automatiques ou des tablettes numériques pour régler leurs achats, passer leurs commandes au restaurant ou s'enregistrer en arrivant à l'hôtel. Dans les secteurs difficilement automatisables comme la santé, il sera sans doute nécessaire de faire évoluer les niveaux de rémunération et les conditions de travail.

4. Voir par exemple CARRETERO Leslie, « Espagne : une nouvelle loi pour faciliter l'obtention de titre de séjour pour les mineurs », *InfoMigrants*, 22 octobre 2021. URL : https://www.infomigrants.net/fr/post/35945/espagne--une-nouvelle-loi-pour-faciliter-lobtention-de-titre-de-sejour-pour-les-mineurs. Consulté le 31 janvier 2022.

5. *World Robotics 2021,* IFR (International Federation of Robotics), octobre 2021. URL : https://ifr.org/ifr-press-releases/news/robot-sales-rise-again. Consulté le 31 janvier 2022.

Vers plus de mises sous tutelle des collectivités ?

Quentin Bisalli

Début décembre 2021, plusieurs associations ont engagé une procédure pour obtenir la mise sous tutelle de la Ville de Paris, en réaction à l'augmentation de sa dette et à sa gestion de l'urbanisme controversée. Si l'initiative s'apparente plutôt à une manœuvre de communication [1], les signaux faibles de collectivités risquant une mise sous tutelle se multiplient en France et alimentent une crainte collective — la ville de Marseille a ainsi dû démentir [2] que l'aide promise par l'État en septembre 2021 constituait une mise sous tutelle. Faut-il y voir une réelle menace pour les collectivités territoriales ?

Quelques précisions théoriques, d'abord. Les collectivités ne sont plus, depuis la loi de décentralisation de 1982, sous la tutelle du préfet. Ce dernier exerce désormais un contrôle *a posteriori :* d'une part un contrôle de légalité, afin de s'assurer qu'elles appliquent bien les lois de la République ; d'autre part un contrôle budgétaire, plus spécifique.

Dans un cadre strictement juridique, selon le Code général des collectivités territoriales, une mise sous tutelle correspond à un dessaisissement de l'autorité budgétaire par le préfet et la Cour régionale des comptes. Elle est une solution de dernier recours en cas de manquement d'une collectivité à ses obligations, dans le cadre du contrôle budgétaire (voir *infra*), qui empêche virtuellement les collectivités de faire faillite.

Néanmoins, l'opinion publique et, par extension, les acteurs politiques semblent avoir une définition bien plus large de la mise sous tutelle, à laquelle ils assimilent toute forme d'interventionnisme un peu trop fort de l'État. Ainsi, la démarche visant la Ville de Paris est notamment motivée par les choix de la mairie en matière d'urbanisme, quand le démenti de Marseille était lié à un plan d'investissement de l'État. Cette inquiétude couvre en fait un autre concept juridique, certes voisin de la mise sous tutelle, mais néanmoins bien distinct, le dessaisissement de compétence pour non-respect d'obligation réglementaire. Il n'en reste pas moins probable qu'à l'avenir, ces deux types d'intervention forte de l'État central pourraient se multiplier, pour des raisons distinctes.

Un contexte budgétaire dégradé propice aux mises sous tutelle

Les mises sous tutelle de collectivité restent rares : Le Saint (Morbihan) est mis sous tutelle en 2021, Marvejols (Lozère) l'a été en 2015, ainsi que plus anciennement Pont-Saint-Esprit (Gard), Bussy-Saint-Georges (Seine-et-Marne), Hénin-Beaumont (Pas-de-Calais) et Angoulême (Charente). Cependant, depuis 2015, les signaux d'alerte se multiplient : Argenteuil a frôlé la mise sous tutelle en 2015, tout comme Saint-Lys (Haute-Garonne) et le département du Lot-et-Garonne en 2017.

1. La mise sous tutelle est décidée en dernier recours, sous quatre motifs de contrôle budgétaire (la date d'adoption du budget, l'équilibre réel du budget, l'arrêté des comptes, et le déficit du compte administratif ou l'inscription et le mandatement d'office des dépenses obligatoires) dont ne semble pas relever la situation parisienne.

2. « Marseille : la ville "n'est pas mise sous tutelle", assure Samia Ghali », sur Europe 1, le 3 septembre 2021.

Plus récemment, on a relevé certaines communes dans des situations financières particulièrement critiques, à l'instar de Saint-Pierre-des-Corps (Indre-et-Loire), Courtenay (Loiret) ou Millau (Aveyron).

À l'avenir, le contexte budgétaire dégradé des collectivités pourrait s'aggraver, après que celles-ci aient vu leurs recettes baisser à la suite d'annulations ou exonérations d'impôts locaux (taxe d'habitation, taxe foncière sur les propriétés bâties...).

À l'échelle nationale, malgré des garanties apportées dans les lois de finances 2021 et 2022, dont des « filets de sécurité », la situation financière de la plupart des collectivités a été dégradée et les dotations de l'État n'ont pas entièrement compensé ces pertes. De l'orientation des dépenses publiques des prochaines années dépendra globalement le contexte budgétaire des collectivités.

À moyen-long terme, les perspectives économiques européennes pourront avoir un impact, l'Union européenne (UE) participant ponctuellement aux investissements des collectivités locales par ses fonds structurels. Or l'UE est confrontée à une érosion de ses moyens financiers, ce qui pourrait contraindre davantage encore le budget des collectivités, particulièrement dans l'hypothèse d'une crise économique majeure dans la décennie à venir.

À une échelle plus locale, les transformations du tissu économique à l'horizon 2030-2040, notamment liées aux transitions écologique et énergétique, pourraient remettre en question l'équilibre financier de certains territoires à l'activité économique peu diversifiée. À l'inverse, la capacité future des collectivités à développer des formules d'économie mixte (production / distribution d'énergie renouvelable, circuits courts alimentaires, etc.) contribuerait à augmenter leurs ressources propres et ainsi, pour certaines d'entre elles, à desserrer l'étau budgétaire.

En somme, s'il n'y a pas de menace immédiate forte pour les collectivités, le risque à moyen terme existe bel et bien.

Le dessaisissement de compétence, future réponse au non-respect d'obligations légales ?

Les collectivités exercent des responsabilités importantes pour construire l'avenir de leur territoire et mener à bien les différentes transitions nécessaires (écologique, énergétique, sociale, etc.). Ces transitions sont de plus assorties d'objectifs quantitatifs précis, imposés par l'État central : quota de logements sociaux avec la loi relative à la solidarité et au renouvellement urbains (SRU) de 2000, plus récemment objectifs de neutralité carbone et de zéro artificialisation nette à l'horizon 2050, loi Climat et résilience de 2021 contraignant progressivement la location et la vente des logements énergivores, etc.

À l'avenir, les objectifs seront sans doute précisés dans d'autres domaines (économie circulaire, énergies renouvelables, etc.), et le cadre rendu plus contraignant, à l'instar du durcissement, en 2015, de l'encadrement de la loi SRU [3], qui marque une inflexion majeure dans l'attitude de l'État central. Ainsi, en 2015, 36 collectivités avaient été fortement mises en garde par le gouvernement [4] qui a, en plus d'amendes aggravées, ouvert la voie à un dessaisissement de compétences, notamment le droit d'attribuer les contingents de logements sociaux, voire la compétence du permis de construire. Cette dernière mesure, à la fois coercitive et hautement symbolique, a par exemple été mise en application en 2021, pour la première fois, dans quatre communes du Val-de-Marne [5] — dont deux faisaient partie des 36 communes averties six ans plus tôt.

Sous ce double effet d'accélération des transitions à mener et de durcissement du cadre défini par l'État pour parvenir aux objectifs associés, les dessaisissements de compétence pourraient s'accélérer dans la décennie à venir.

Pour des raisons budgétaires s'agissant des mises sous tutelle, et politiques concernant les dessaisissements de compétence, l'État pourrait se faire plus interventionniste dans la gestion des politiques locales des collectivités. L'ensemble des leviers à sa disposition est bien plus large que la mise sous tutelle budgétaire, mais l'opinion publique et les acteurs politiques semblent se cristalliser autour de ce terme, dénotant le caractère hautement sensible de tout interventionnisme trop marqué de l'État central. ■

3. LEVASSEUR Sandrine, « La loi SRU et les quotas de logements sociaux : bilan et perspectives », *Revue française des affaires sociales*, vol. 3, 2016, p. 113-149.

4. REY-LEFEBVRE Isabelle et ZAPPI Sylvia, « Construction de HLM : les 36 villes que le gouvernement montre du doigt », *Le Monde*, 25 octobre 2015.

5. « Logement social en Val-de-Marne : 10 villes sanctionnées », *Citoyens.com*, 22 décembre 2020. URL : https://94.citoyens.com/2020/logement-social-en-val-de-marne-10-villes-sanctionnees,22-12-2020.html. Consulté le 31 janvier 2022.

Accélération de la compétition mondiale pour la voiture autonome

Véronique Lamblin

La voiture autonome ou voiture-robot est un vieux rêve qui permettrait de faire complètement passer l'automobile d'un produit à un support de services, et surtout qui diminuerait les risques de ce mode de transport puisque 90 % des accidents sont dus à une erreur humaine. Si les progrès de la robotique ont permis à des laboratoires de construire des prototypes de voiture autonome dès les années 1970 et 1980, c'est en 2009 que débute le projet de voiture autonome de Google. Depuis, ce projet de système d'autonomie pour voitures se développe au sein d'une filiale, Waymo, dans laquelle le patron de Google et de sa maison mère Alphabet dépense sans compter, près d'un milliard de dollars US par an [1].

1. MESLEM Amine, « Voiture autonome : le pari de Google bientôt à portée de main ? », *L'Express*, 4 août 2021. URL : https://lexpansion.lexpress.fr/actualite-economique/voiture-autonome-le-pari-de-google-bientot-a-portee-de-main_2154573.html. Consulté le 2 février 2022.

© Sundry Photography / Shutterstock

© Michael Vi / Shutterstock

On s'attendait donc à ce que les principaux développements de voitures autonomes arrivent des États-Unis. En effet, Waymo, la filiale de Google, teste depuis 2017 des voitures autonomes dans la métropole de Phoenix (Arizona), d'abord pour des clients adhérents à son programme, puis, depuis octobre 2020, ouvertes à tous. Mais seuls 5 % à 10 % des trajets n'ont pas de conducteur dans le véhicule qui puisse reprendre le volant en cas d'imprévu. La vitesse maximale des voitures, des Chrysler *Pacifica* hybrides, est de 40 kilomètres à l'heure.

En septembre 2021, Waymo a obtenu l'autorisation de faire circuler ses voitures autonomes à San Francisco, avec un conducteur de secours. Waymo n'est pas la seule entreprise à faire circuler de tels véhicules à San Francisco : Cruise, une filiale de General Motors, a été autorisée, en novembre 2021, à faire rouler ses voitures autonomes dans la ville, mais seulement de nuit entre 22 heures et 6 heures du matin [2]. Dans le cas de Cruise, il n'y a pas de chauffeur qui puisse reprendre la main et le service est restreint aux employés de Cruise et à des clients triés qui ne paieront pas pour le service. Cruise espère pouvoir offrir ce service de robot-taxi et de livraison (marchandises) en 2022.

En parallèle, de l'autre côté du Pacifique, les Chinois ne sont pas en reste, puisque fin novembre 2021, la municipalité de Pékin a autorisé Baidu à proposer un service payant de robots-taxis, avec conducteur de secours, dans le district de Yizhuang [3]. La filiale de Baidu dédiée à ce service, Apollo, a déployé 67 véhicules pour ce premier service et espère le développer dans d'autres villes chinoises dans l'année.

On le voit, la course est engagée des deux côtés du Pacifique sur la robotisation automobile, notamment pour des services urbains — taxi ou livraison. En embuscade et avec le culte du secret qui entoure toutes ses innovations, Apple travaille sur un projet automobile, *Titan,* de voiture électrique

2. WAYLAND Michael, « GM-backed Cruise Seeks Final Approval to Commercialize Robotaxis in San Francisco », CNBC, 5 novembre 2017. URL : https://www.cnbc.com/2021/11/05/gm-backed-cruise-seeks-final-approval-for-robotaxis-in-san-francisco.html. Consulté le 2 février 2022.

3. CHENG Evelyn, « Baidu Kicks Off Its Robotaxi Business, after Getting the OK to Charge Fees in Beijing », CNBC, 24 novembre 20219. URL : https://www.cnbc.com/2021/11/25/baidu-kicks-off-robotaxi-business-after-beijing-citys-fare-approval.html. Consulté le 2 février 2022.

sans volant ni pédale, qui pourrait sortir à partir de 2025, quand les pionniers auront essuyé les plâtres [4].

En Europe, c'est Mercedes qui vient de créer la surprise [5] en obtenant, début décembre 2021, l'autorisation des autorités fédérales allemandes de déployer sur ses modèles le premier système de conduite automatisée de « niveau 3 [6] » sur ses modèles classes S et EQS. Concrètement, c'est le premier système où le conducteur pourra lâcher le volant sur autoroute et jusqu'à une vitesse de 60 kilomètres à l'heure (c'est-à-dire sur une autoroute embouteillée) pour faire autre chose. Mais le conducteur ne pourra pas faire la sieste puisqu'il doit reprendre les commandes dès que la voiture le demande. S'il ne le fait pas, la voiture s'arrête immédiatement. Cette fonction sera commercialisée en 2022.

Ainsi Mercedes dame le pion à Tesla qui communique beaucoup sur son système *Autopilot* qui n'autorise cependant pas à lâcher le volant et reste de niveau 2.

Seul Honda avait obtenu le feu vert des autorités japonaises pour commercialiser en 2021 la Honda *Legend Hybrid EX* dotée d'une fonction *Traffic Jam Pilot* ou pilotage en embouteillage [7]. Mais le constructeur a choisi de ne commercialiser qu'une centaine de véhicules (certes très chers).

Il y a cependant une nouvelle réjouissante pour les acteurs français, c'est l'équipementier Valeo qui a signé un contrat avec ces constructeurs pour leur vendre son lidar, radar laser, dont les véhicules autonomes sont équipés.

Notons aussi que la législation internationale vient d'être adaptée dans le règlement UN-R 157 (transposé dans le droit européen en mars 2021) pour autoriser le niveau 3 d'automatisation là où la législation locale l'autorise aussi. La France l'autorisera en septembre 2022 grâce à une modification du code de la route réalisée en juillet 2021.

La voiture autonome progresse donc dans deux directions : soit des voitures urbaines partagées à faible vitesse pour le taxi ou les livraisons, soit des voitures particulières qui se doteront de systèmes automatisés utilisables seulement dans certaines circonstances ou certains endroits (pilote automatique d'embouteillage sur autoroute ou le parking automatique). Mais les perspectives sont

4. RAULINE Nicolas, « Comment Apple avance à grand pas vers une voiture électrique et 100 % autonome », *Le Monde*, 22 novembre 2021. URL : https://www.lesechos.fr/industrie-services/automobile/comment-apple-avance-a-grand-pas-vers-une-voiture-electrique-et-100-autonome-1365949. Consulté le 2 février 2022.

5. ESCANDE Philippe, « Voiture autonome : "Il faudra encore attendre de nombreuses années avant de pouvoir faire la sieste à l'arrière" », *Le Monde*, 10 décembre 2021. URL : https://www.lemonde.fr/economie/article/2021/12/10/voiture-autonome-il-faudra-encore-attendre-de-nombreuses-annees-avant-de-pouvoir-faire-la-sieste-a-l-arriere_6105477_3234.html. Consulté le 2 février 2022.

6. Seul le niveau 5 permet une automatisation complète sur toutes les routes et en toutes circonstances.

7. HA Tran, « Honda *Legend Hybrid EX* (2021) : la première Honda autonome de niveau 3 », *Auto-Plus*, 11 mars 2021. URL : https://www.autoplus.fr/honda/legend/honda-legend-hybrid-ex-2021-la-premiere-honda-autonome-de-niveau-3-280148.html. Consulté le 2 février 2022.

encore limitées à court terme : le cabinet de conseil Accenture indique que les voitures de niveau 3 ne représenteront même pas 3 % du marché en 2030 ; et l'équipementier Valeo estime que 30 % des voitures *premium* seront équipées d'une telle fonction — ce qui revient à peu près au même. ■

L'INSEE change de définition du monde rural

Louis Maurin

Ce n'est plus un quart, mais désormais un tiers de la population française qui vit en milieu rural, selon l'Institut national de la statistique et des études économiques (INSEE). Il ne s'agit pas de l'effet d'un exode urbain, mais simplement d'un changement de définition [1]. Auparavant, le monde urbain était défini comme un territoire où les bâtiments étaient proches (moins de 200 mètres d'écart) et rassemblant au moins 2 000 habitants, le rural était constitué de tout ce qui n'était pas urbain. Désormais, c'est la densité d'habitants au kilomètre carré qui est prise en compte, à la place du bâti.

Selon l'INSEE, les communes urbaines comprennent les communes « denses » et celles dites « de densité intermédiaire », respectivement 2 600 habitants au kilomètre carré et 313 habitants au kilomètre carré en moyenne selon des données 2021 pour la France entière [2]. Quant aux communes rurales, elles comprennent les communes « peu » ou « très peu » denses, avec respectivement 52 habitants et 13 habitants au kilomètre carré. Il s'agit bien de moyennes et non de valeurs limites.

Avec cette nouvelle manière de compter, on obtient 12 % de communes urbaines, qui regroupent les deux tiers de la population et 88 % de communes rurales qui en rassemblent un tiers. La part de la population vivant en milieu rural augmente donc avec ce changement de méthode : cela signifie qu'une partie de la population était classée comme urbaine du fait du bâti jusqu'à présent, mais vivait dans des territoires très peu peuplés. En conséquence, cette frange de la population urbaine est désormais comptée comme rurale.

L'INSEE va plus loin et étudie aussi la relation des habitants vivant à la campagne avec la ville, à travers l'emploi. Quand plus de 30 % des actifs d'une commune rurale travaillent en ville et que ces communes appartiennent à une aire d'attraction de ces villes [3] de plus de 50 000 habitants, on dit qu'elles sont sous « forte influence » de la ville. Il s'agit sou-

1. Voir : ALESSANDRO Cristina (d'), LEVY David et REGNIER Théodore, « Une nouvelle définition du rural pour mieux rendre compte des réalités des territoires et de leurs transformations », *in La France et ses territoires,* Paris : INSEE Références, avril 2021.

2. Données communiquées à l'auteur par l'INSEE. Pour des données plus anciennes, voir aussi ALIAGA Christel, EUSEBIO Pascal et LEVY David, « Une nouvelle approche sur les espaces à faible et forte densité », *in La France et ses territoires,* Paris : INSEE Références, avril 2015.

3. Il s'agit en réalité de « pôles urbains ».

Les communes rurales et urbaines en France selon la densité de population

	En % des communes	En % de la population
Urbain	**12,0**	**67,2**
Communes denses	*2,2*	*37,9*
Communes de densité intermédiaire	*9,8*	*29,3*
Rural	**88,0**	**32,8**
Communes peu denses	*53,7*	*29,2*
Communes très peu denses	*34,3*	*3,6*
Ensemble	**100,0**	**100,0**

Source : INSEE, données 2017.

vent de communes périurbaines. Les communes qui appartiennent à ces aires d'attraction, mais dont moins de 30 % des habitants travaillent en ville sont dites sous « faible influence ». Enfin, les communes autonomes sont celles qui ne sont pas liées à une aire de plus de 50 000 habitants. L'objectif est alors de distinguer un monde rural peu dépendant d'une ville et un monde rural qui, au contraire, lui est lié. En schématisant : d'un côté des campagnes isolées, et de l'autre le périurbain, qui peut être peu dense mais dont la population se rend souvent en ville.

En quoi ce changement est-il important ? Avec cette nouvelle définition, 14 % de la population vit dans des campagnes autonomes, 9 % dans un univers rural sous faible influence d'un pôle et 10 % sous forte influence. Ce qui semble un point de méthode est central. Hier, on considérait qu'un quart de la population était rurale, mais 5 % seulement habitant dans une commune rurale isolée. La proportion de personnes qui ont peu de relation avec les villes est bien plus importante que cela : la définition précédente intégrait dans l'espace urbain des territoires qui en étaient éloignés.

La France a longtemps été un pays plus rural que ses voisins et elle en garde la trace, pas seulement dans son imaginaire. La sous-estimation du monde vivant dans l'espace rural peut être un des facteurs qui permettent de comprendre l'ampleur des tensions autour du manque de services publics ou de commerces, ainsi que sur les prix des carburants dans ces territoires. Pour partie, l'évolution des modes de vie fait que celui qui vit à la campagne veut aussi disposer d'une partie des bienfaits de la ville et supporte de moins en moins l'isolement. Pour partie aussi, on a sous-estimé l'importance de la population qui vit loin des centres et qui, dans une partie du territoire, voit s'éloigner certains services, publics notamment.

Pour l'heure, l'INSEE ne donne aucun élément pour mesurer l'évolution de la population en fonction de sa nouvelle définition. Ces informations seront centrales pour comprendre les transformations de la société, et leur impact sur l'environnement. L'éparpillement de l'habitat est en particulier lourdement consommateur d'énergie pour les déplacements, mais aussi le chauffage. Une extension de l'habitat périurbain en zone rurale réalisée sur le mode actuel, très peu dense, aurait un impact fortement négatif sur l'environnement. La densification de l'habitat est un enjeu environnemental majeur, espérons que l'INSEE permette de le mesurer assez rapidement. ■

Source : cette note est issue d'un partenariat avec le Centre d'observation de la société (http://www.observationsociete.fr/).

Analyses critiques & comptes rendus*

GRANDCOLAS Philippe

Le Sourire du pangolin. Ou comment mesurer la puissance de la biodiversité

Paris : CNRS Éditions, octobre 2021, 224 p.

La planète est confrontée, aujourd'hui, à deux crises majeures, le dérèglement climatique et la perte de la biodiversité. L'auteur, spécialiste des questions d'évolution et de biodiversité au Centre national de la recherche scientifique (CNRS) et au Muséum national d'histoire naturelle, veut expliciter dans ce livre les raisons et les enjeux de la seconde crise qui sont moins médiatisés.

Le pangolin n'est pas le sujet de ce livre, mais cet animal soupçonné, très probablement à tort, d'avoir transmis à l'homme le virus à l'origine de la Covid-19, est emblématique de notre attitude vis-à-vis du monde animal. En effet, sur la photographie en page de couverture, il semble sourire au lecteur et l'interpeller : un animal pourrait-il avoir une attitude humaine ? La réponse à cette question est positive car, souligne l'auteur dans son introduction, nous oublions que l'homme appartient au monde animal et qu'il a hérité de la plupart de ses caractéristiques d'ancêtres communs avec les êtres vivants. Nous sommes une partie de la nature, dont nous dépendons pour notre santé et notre alimentation, et sa diversité est une richesse que nous mettons en danger à nos dépens.

Le concept de biodiversité est apparu dans les années 1980 dans la littérature scientifique et a été défini par une convention internationale en 1992. Il caractérise la « variabilité des organismes vivants de toutes origines [...] et comprend la diversité au sein des espèces et entre espèces, ainsi que celle des écosystèmes ». Cette définition a l'inconvénient de laisser penser que la biodiversité est figée alors qu'elle évolue. En fait, elle est mal connue car nous n'avons identifié que 20 % des espèces existantes (2,2 millions). Le cas du virus SARS-CoV-2 (coronavirus 2 du syndrome

*Les analyses publiées dans la rubrique Lu, vu, entendu sont issues de la base bibliographique de Futuribles International : https://www.futuribles.com/fr/bibliographie/ (NDLR).

respiratoire aigu sévère), responsable de la pandémie de Covid-19, trouvé chez des chauves-souris, est révélateur de la part d'inconnu qui subsiste dans le monde des espèces, car si les chercheurs ont pu l'identifier, nous ignorons encore quel animal, outre la chauve-souris, l'a transmis à l'homme, mais nous savons que le coronavirus évolue comme tout le vivant.

Un long chapitre du livre est consacré à notre perception de la biodiversité. Celle-ci est souvent difficile car tous les micro-organismes sont invisibles, nous ne pouvons les observer qu'à l'aide de microscopes électroniques ; qui plus est, les bactéries sont rarement seules, elles sont accompagnées par d'autres organismes qui constituent leur microbiome et cet ensemble peut évoluer. Le monde vivant est en interaction avec l'environnement, ainsi la déforestation a-t-elle amené des agents pathogènes à s'adapter à des nouveaux hôtes réservoirs de virus, notamment les chauves-souris, à l'origine d'épidémies. L'auteur qualifie les relations entre organismes de « discrètes, impalpables et essentielles », le butinage des plantes par les abeilles en est un bon exemple et la méconnaissance que nous avons de ces interactions peut avoir de graves conséquences, comme le montre l'utilisation des néonicotinoïdes, des insecticides nuisibles aux abeilles et aux oiseaux insectivores.

La biodiversité, dont nous méconnaissons souvent les fonctions, n'est pas figée, elle évolue depuis des millions d'années. Toutefois, « l'évolution n'est pas progrès mais ajustement ». Les organismes s'adaptent à un environnement changeant en « bricolant », mais si un changement environnemental est trop rapide et trop fort, une adaptation n'est pas possible, une espèce peut disparaître : c'est une crise d'extinction. Charles Darwin a été l'un des premiers à admettre que l'évolution trie les individus et non les espèces et, aujourd'hui, nous considérons que les caractéristiques génétiques des individus qui survivent le mieux dans un environnement et se reproduisent plus seront héritées par leurs descendants. Ces évolutions peuvent être très rapides, comme le montre l'exemple de moustiques s'attaquant à l'homme et de bactéries devenues résistantes aux antibiotiques. L'auteur souligne qu'il faut éviter de considérer que l'évolution est nécessairement une compétition entre les individus, une mauvaise interprétation de la théorie de Darwin à l'origine du « darwinisme social ».

L'IPBES (Plateforme intergouvernementale scientifique et politique sur la biodiversité et les services écosystémiques), qui est l'équivalent pour la biodiversité de ce que le GIEC (Groupe d'experts intergouvernemental sur l'évolution du climat) est au climat, a publié, en 2019, une évaluation de l'état de la biodiversité : un million d'espèces courent un risque grave d'extinction. Des centaines de crises d'extinction ont eu lieu au cours de l'Histoire, cinq d'entre elles ont été très graves, quatre ont probablement une origine climatique, la dernière, il y a 66 millions d'années, serait due à la chute d'un gros astéroïde et aurait provoqué la disparition des dinosaures. La sixième qui nous menace serait rapide et aurait cinq causes : la conversion de milieux naturels (par la déforestation notamment) ; la surexploitation des ressources biologiques (la surpêche, l'exploitation de bois, l'élevage intensif, etc.) ; la pollution des milieux (par les pesticides en particulier) ; le changement climatique ; la diffusion d'espèces exotiques envahissantes (des lapins ont ainsi été introduits en Australie, au XIXe siècle, et le pays en compte aujourd'hui un demi-milliard !).

Les interventions intempestives des humains dans les écosystèmes déstabilisent la biodiversité alors qu'elle leur rend de bons et loyaux services ; les insectes pollinisateurs en sont un exemple, mais pour combien de temps, s'interroge l'auteur ? La question mérite d'être posée car nous n'avons pas conscience de l'enjeu que représente la préservation de la biodiversité. Il est vrai que la crise de la Covid-19 a mis en évidence le risque que font courir les zoonoses et le rôle que jouent dans leur propagation les chauves-souris, dont l'habitat forestier a été perturbé. L'auteur préconise une série de mesures concrètes : une modification des systèmes agricoles et d'élevage en passant à une agriculture agroécologique ; une politique de mise en réserve et de protection d'écosystèmes au niveau mondial ; la mise en œuvre d'innovations « bio-inspirées » ; l'octroi de la personnalité juridique à certains environnements.

Dans son épilogue, Philippe Grandcolas souligne que si la Convention des Nations unies sur la diversité biologique, un traité international signé à Rio en 1992, tirait déjà un signal d'alarme sur l'état de la biodiversité, la prise de conscience de l'importance de ses enjeux a été très lente. Faut-il en rendre responsables des archaïsmes dans notre vision du vivant : le rationalisme des Lumières qui nous incite à exploiter la nature tout en négligeant sa diversité, et aussi un anthropocentrisme hérité des grandes religions qui donne un statut privilégié à l'homme (l'auteur cite l'article controversé de l'historien américain Lynn White sur les origines religieuses de la crise écologique [1]) ? L'hypothèse est en débat.

Ce livre dont la lecture est rendue agréable par de belles illustrations est une bonne introduction à la question clef de la crise de la biodiversité, souvent occultée par celle du changement climatique. Il reste, bien sûr, à définir plus en détail des mesures pratiques pour y faire face (politiques de l'agriculture et de la pêche, actions internationales pour protéger des écosystèmes, etc.), elles peuvent constituer le thème d'un autre ouvrage. ■

Pierre Papon

1. WHITE Lynn, « The Historical Roots of Our Ecological Crisis », *Science*, vol. 155, 1967, p. 1203-1207.

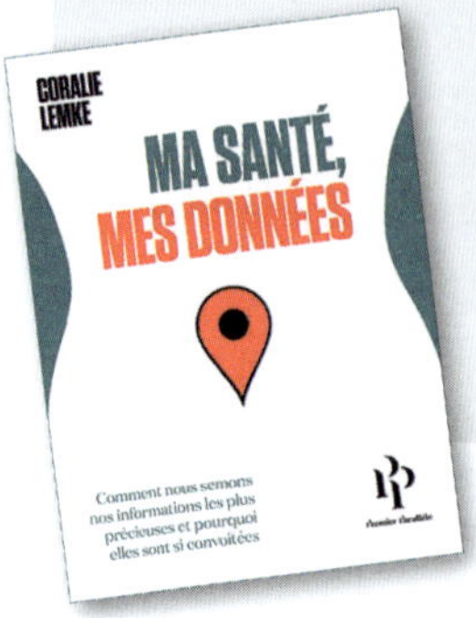

LEMKE Coralie

Ma Santé, mes données. Comment nous semons nos informations les plus précieuses et pourquoi elles sont si convoitées

Paris : Premier Parallèle, septembre 2021, 182 p.

Avec ce livre, Coralie Lemke, journaliste scientifique, nous livre les résultats d'une enquête sur nos données de santé, un « sujet de niche » qui ne mobilise pas l'opinion publique, même pas celle des « antivax » qui l'ont oublié dans leurs pancartes revendicatrices. Et pourtant, dès les premières lignes, cet ouvrage nous convainc que la question nous concerne et qu'elle devrait nous intéresser.

D'abord, il nous faut prendre conscience de la quantité de données que nous générons tout au long de notre existence. Spontanément, nous pensons aux maladies et aux actes médicaux, mais nous sommes bien loin du compte, car en ce domaine, nous sommes devenus de véritables semeurs de données, c'est-à-dire de tout ce qui peut renseigner sur l'état de notre santé. Et la liste est longue : cela va de nos caractéristiques physiques à nos comportements et, partant, à quasiment toutes les traces mesurables de notre existence, activités, alimentation, faiblesses passagères et durables incluses. La collecte en est faite parfois avec notre accord, comme dans les lieux de soins, voire avec notre complicité quand nous cédons à la mode du *quantified self*, et quand la montre et le *smartphone* nous transforment en objets connectés. Mais bien souvent, cette collecte est effectuée subrepticement, sans notre consentement explicite. Pourtant, ces masses d'informations conservées dans de gigantesques bases de données constituent un véritable trésor, l'or noir des temps modernes.

Et cela intéresse beaucoup de monde. Avant la Covid, la part de la santé représentait plus de 10 % de la richesse nationale dans les pays de l'Organisation de coopération et de développement économiques. Et les données de santé sont désormais un facteur décisif dans l'organisation des soins, dans la recherche et dans l'industrie. Aussi sont-elles l'objet d'un commerce florissant, et d'ailleurs elles se classent en très bonne place dans les activités de piratage liées à la cybercriminalité. Les attaques d'hôpitaux et de laboratoires se multiplient, et les données volées s'échangent sur le Dark Net. Mais, plus souvent, ce sont les acteurs du domaine, qui exploitent des vides juridiques ou des dispositifs techniques présentant des failles, qui sont à l'origine de fuites massives de données. Cela semble le cas en France pour la communication à des tiers des données des cartes Vitale par des réseaux de pharmacies, ou du transfert à Google des métadonnées des transactions des patients sur le site Doctolib, alors que celles-ci peuvent être exploitables à diverses fins.

C'est qu'avant tout, les données de santé sont le carburant des recherches scientifiques et des développements industriels. Qu'il s'agisse des études préalables, des essais cliniques ou des autorisations de mise sur le marché, chacune de ces phases repose sur des données. En outre, et c'est une évolution de taille, les études épidémiologiques qui ont conduit à identifier le rôle des facteurs de risques dans la survenue de certaines affections, ont ouvert la voie à la médecine prédictive, domaine qui connaît un essor important et dans lequel le *big data* et l'intelligence artificielle vont développer leurs pouvoirs.

Précisément, ce pourrait être un moyen pour les géants du Net d'investir un domaine qui leur échappe encore. Forts de leur savoir-faire sur les données de masse et de leur maîtrise de l'intelligence artificielle, ils s'emploient désormais à le conquérir. Facebook devient « un ami qui vous veut du bien » en vous rappelant que votre âge ou d'autres facteurs, comme les manifestations de mauvaise humeur dans vos messages, sont des raisons de consulter un homme de l'art. La maison mère de Google a créé une branche santé Verily qui, à son tour, est à l'origine d'une compagnie d'assurance en matière médicale. Et partout, des partenariats se nouent entre les géants du Net et les acteurs de la santé, y compris même avec les services nationaux de santé comme on l'a constaté au Royaume-Uni. Quant à Microsoft, il n'est pas en reste : en témoigne, par exemple, le fait que le *Health Data Hub* (l'initiative française pour regrouper les données médicales) lui ait confié l'hébergement des données en provenance des plus grands acteurs nationaux du domaine. Selon Coralie Lemke, l'arrivée des géants du Net dans le domaine de la santé risque fort de reproduire les travers observés dans d'autres domaines, et en particulier l'affaiblissement des pouvoirs publics comme gardiens du bien commun. En quelques mots, un enjeu considérable se joue ainsi à l'écart de l'opinion publique.

Alors, selon l'auteur, la conclusion s'impose : la question des données médicales relève du politique et, à ce titre, elle devrait faire l'objet d'un débat public. Car il en va de l'équilibre entre la protection des données privées et l'intérêt collectif que représentent les avancées de la médecine. Coralie Lemke concède que le Règlement général de protection des données européen constitue une avancée, sous réserve qu'il soit effectivement appliqué. Mais elle souligne qu'il repose exclusivement sur le consentement individuel du citoyen. Et il lui paraît dangereux, voire injuste, de lui transférer cette responsabilité sans l'assortir de structures protectrices. Ce livre est d'autant plus intéressant qu'il illustre les enjeux que nos sociétés vont devoir affronter sur les données, et montre qu'une démission citoyenne en ce domaine serait la pire des alternatives. ■

Jean-François Soupizet

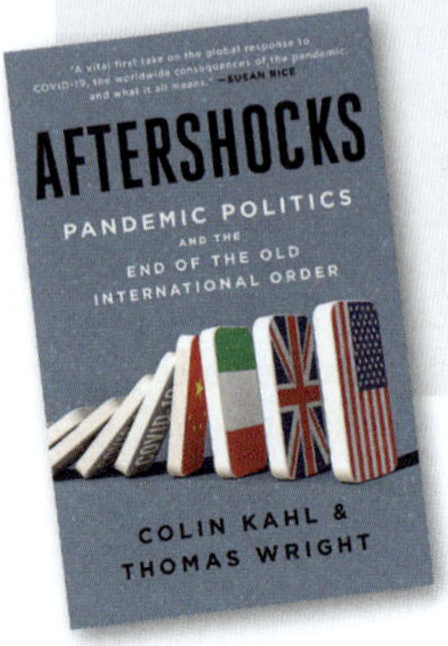

KAHL Colin / WRIGHT Thomas

Aftershocks: Pandemic Politics and the End of the Old International Order

New York : St. Martin's Press, août 2021, 464 p.

Nombreux sont les ouvrages qui portent sur les conséquences observées et prévisibles de la pandémie de la Covid. Nombreux sont également ceux qui décrivent les mesures prises par les différents gouvernements. *Aftershocks,* le livre coécrit par Colin Kahl et Thomas Wright, sort du lot sous deux aspects. En premier lieu, en analysant méticuleusement les réponses nationales — qui détaillent parfois à l'heure près les processus de décision —, les auteurs rappellent le rôle prépondérant des hommes, des relations interpersonnelles, de la coordination des acteurs, de la fiabilité des informations, de la confiance..., autant d'éléments que l'on sait déterminants dans l'issue d'une bataille. En second lieu, en inscrivant leurs analyses dans le contexte international de 2020, caractérisé par l'affirmation des nationalismes, la fragilité du multilatéralisme et la rivalité grandissante entre États-Unis et Chine, ils montrent comment pandémie et géopolitique interagissent négativement l'un sur l'autre, démultipliant les menaces auxquelles nos sociétés doivent faire face.

Amis de longue date, experts en relations internationales — l'un, Colin Kahl, par ses fonctions au département de la Défense dans les administrations Obama puis Biden ; l'autre, Thomas Wright, par son travail au sein du projet sur l'ordre international et la stratégie de la Brookings Institution —, les deux auteurs ne se penchent sur le présent que pour se préparer au futur. Comment affronter les menaces globales à venir dans un monde de compétition effrénée ? S'agissant des États-Unis en particulier, comment se préparer à relever des défis transnationaux dans un contexte de rivalité exacerbée avec la Chine ?

D'entrée, la mesure de l'enjeu est prise. En étudiant les effets de la grippe espagnole sur l'issue du premier conflit mondial et, en conséquence, sur les désordres économiques, politiques et sociaux qui s'en suivent, Colin Kahl et Thomas Wright alertent sur la profondeur, encore insoupçonnée, des bouleversements induits par la nouvelle pandémie. Et les auteurs d'en conclure : le moment du choc est aussi important que le choc lui-même ; la marche vers la Deuxième Guerre mondiale s'explique en grande partie par l'absence d'une réponse commune des démocraties d'une part, par le refus des Américains d'assurer un rôle de *leadership* dans l'entre-deux-guerres de l'autre.

Qu'en est-il aujourd'hui ? La pandémie de la Covid surgit dans un contexte d'extrême rivalité entre grandes puissances, qui pèse pour une large part dans la gestion de la crise au niveau national et international : désinformation quant au degré de contagion ou à la virulence du virus, manque de transparence pour accéder aux données, instrumentalisation de la menace au service de stratégies de domination. Les postures chinoises, américaines et de l'Organisation mondiale de la santé (OMS) sont ici analysées à la loupe.

Bien que préparée au risque épidémique après l'expérience du SRAS (syndrome respiratoire aigu sévère) en 2002, puis de l'épidémie de H1N1 en 2009, la Chine est, dans un premier temps, dépassée par la propagation du virus. Dans ce pays désormais dirigé par un autocrate, la crainte de révéler la vitesse des contaminations retarde la remontée des informations au Centre chinois de contrôle et de prévention des maladies. Surtout, les laboratoires se voient interdire la publication de leurs résultats, obstruant toute investigation de l'OMS. L'essentiel est dans un premier temps de sauver la face. Très vite pourtant, Pékin retrouve une posture offensive : diplomatie du masque d'abord, du vaccin ensuite, puis plus généralement, retour de la diplomatie du « loup guerrier », à quoi s'ajoute une vaste campagne de désinformation faisant valoir la supériorité du modèle chinois dans la gestion de la crise, face aux démocraties décadentes.

Face à eux : les États-Unis, dont le président Donald Trump ne lit la pandémie qu'à travers le prisme de sa rivalité avec la Chine. Il en résulte une politique qui privilégie l'économique sur le social ou le sanitaire, une énergie d'abord investie dans une guerre de communication pour faire reconnaître la responsabilité de Pékin dans l'origine de la pandémie — Mike Pompeo fera échouer le G7 de mars 2020 au motif que le communiqué refuse de parler du « Wuhan virus » — et enfin, la décision de se retirer de l'OMS jugée trop complaisante vis-à-vis de son rival. De fait, même si leurs objectifs convergent — l'accession aux données —, l'administration américaine et le directeur général de l'OMS, Tedros Adhanom Ghebreyesus, divergent sur la démarche à adopter vis-à-vis de Pékin que le second veut conciliante. Conséquences symptomatiques du poids du contexte sur la gestion de la pandémie : l'OMS hésite, tarde et se décrédibilise ; de même, au sein du Conseil de sécurité de l'Organisation des Nations unies, les puissances peinent à s'accorder sur un appel au cessez-le-feu.

Balayant le globe, les auteurs dressent un tableau très instructif des facteurs de succès ou d'échec des politiques adoptées. Contrairement à une idée répandue, la nature du régime, démocrate ou autoritaire, n'est pas déterminante. En revanche, le sont : la vitesse de réaction, par la mise en place de procédures de test, traçage, isolement, mesures d'hygiène... ; l'existence d'institutions gouvernementales performantes, travaillant en collaboration avec les autorités locales et disposant de moyens matériels et financiers suffisants ; une expérience de crises sanitaires ou climatiques ; enfin, la confiance des populations dans leurs dirigeants. Dans ces conditions, les États les plus vulnérables abordent la crise avec de lourds handicaps. Les cas du Bangladesh et du Pérou illustrent tristement cette inégalité des chances. De manière générale, dans les pays en développement ou émergents, les effets induits par la pandémie sont souvent pires que la pandémie elle-même, s'ajoutant aux conflits ou à la crise climatique.

Ces dommages sont de différents ordres : crise économique, bien évidemment, avec une chute de 3,5 % du produit intérieur brut mondial en 2020, la plus forte jamais observée dans l'histoire moderne, conséquence du confinement, de l'interruption de secteurs entiers tels que l'aérien ou le tourisme, de la désorganisation des chaînes de valeur… ; crise financière, avec une explosion de l'endettement global de 15 000 milliards de dollars US ; recul significatif dans la lutte contre la pauvreté ou les maladies — sida, tuberculose, malaria — ; exacerbation des causes de conflit — États faillis, nouvelles opportunités pour les groupes rebelles — ; indirectement, augmentation des flux migratoires sous l'effet des conflits ou de la misère ; régression de la démocratie, par l'occasion offerte aux dirigeants « illibéraux » de renforcer leur autorité, d'attaquer leurs opposants, de restreindre les libertés civiles ou de manipuler les élections, comme ce fut le cas notamment en Hongrie, Bolivie, Philippines, Inde, Rwanda, Hong Kong ; enfin, détournement des nouvelles technologies à des fins de surveillance et de privation excessive des libertés.

Comment les auteurs voient-ils l'avenir ? Pavé de nouvelles menaces globales dans un contexte persistant de rivalité. Comment s'y préparer ? En construisant, derrière les États-Unis, une coalition de pays aux valeurs libérales communes, travaillant en collaboration avec l'OMS, les organisations non gouvernementales, les entreprises privées et les acteurs philanthropiques, réunis autour d'un projet opérationnel — réorganisation des chaînes de valeur pour une meilleure adaptabilité, refonte des mécanismes de décision pour validation des diagnostics, vaccins…, création d'instruments financiers, etc. — et convaincus par la nécessité de soutenir les pays les plus vulnérables, dans leur intérêt propre et par obligation morale. Mais les États-Unis, clivés par la fracture partisane, y sont-ils prêts ? En ont-ils encore la légitimité ? ■

Justine Fernandez

RICHARD ZIVOHLAVA Aline
La Saga CRISPR. La révolution génétique qui va changer notre espèce
Paris : Flammarion, octobre 2021, 400 p.

Avec un tel titre, ce livre ne peut pas laisser indifférents ceux qu'intéressent les travaux de Futuribles ! De quels changements s'agit-il et le titre est-il justifié par le contenu ? Depuis l'attribution du prix Nobel de chimie à Emmanuelle Charpentier et Jennifer Doudna en 2020, l'acronyme CRISPR (*Clustered Regularly Interspaced Palindromic Repeats*) est plus répandu, même si sa signification biologique est toujours mystérieuse. Aline Richard Zivohlava est une journaliste scientifique expérimentée qui a fait un travail considérable. Dans la première partie de ce livre, elle explique avec des schémas le fonctionnement de ce système qui permet d'intervenir sur l'ADN des cellules vivantes, simples (bactéries) ou complexes (animales ou végétales), et de modifier leur fonctionnement et leur hérédité. Le terme employé par les spécialistes est « édition du génome », c'est-à-dire pratiquer le copier / coller sur le vivant. La technique allie la simplicité et l'efficacité, et elle est économique.

Depuis les années 1970, les chercheurs se sont efforcés de bricoler l'ADN, de développer un génie génétique. Des efforts ont été récompensés par plusieurs prix Nobel et ces efforts ont fait naître de grands espoirs (thérapie génique) et des controverses (OGM, organismes génétiquement modifiés). La technique CRISPR donne un second souffle à ces recherches et cet ouvrage est bienvenu pour réfléchir à ces questions. Il raconte avec beaucoup de verve la progression des connaissances aboutissant à la publication de leur article par les deux futurs prix Nobel, dans la revue *Science*, en 2012 [1]. La découverte est originale : ce système permet, à l'origine, la défense des bactéries contre des agresseurs viraux, et est analogue à l'immunité acquise que vont développer les organismes complexes. Le système reste efficace dans des cellules de mammifères contenant un ADN beaucoup plus gros. C'est dans cette « divine » surprise que réside la révolution, car elle offre de multiples possibilités d'application. Dans la dernière partie (« Qui veut gagner des millions ? »), l'auteur décrit les aspects sombres, financiers de cette découverte. Les prises de brevets des chercheuses nobélisées sont toujours devant la justice, aux États-Unis et en Europe, pratiquement 10 ans après le dépôt initial.

1. « A Programmable Dual-RNA-Guided DNA Endonuclease in Adaptive Bacterial Immunity », *Science*, vol. 337, n° 6096, 28 juin 2012, p. 816-821.

À quelle révolution allons-nous assister ? Voilà le véritable objectif du livre. Aline Richard Zivohlava entreprend un tour d'horizon très large, en trois parties. Tout d'abord, « Le vivant pâte à modeler », une partie dans laquelle sont examinées les possibilités principalement agricoles, animales et végétales, et celles-ci rappellent les controverses associées aux OGM. Les réglementations seront-elles les mêmes ? Le « forçage génétique » traité dans ces chapitres est un point nouveau important : la méthode est susceptible de fausser les règles simples de l'hérédité en modifiant les deux allèles d'un gène. L'évolution ne suit plus les critères classiques et la méthode peut aboutir à la disparition d'une espèce après un nombre relativement faible de générations. Pourrait-on appliquer cette méthode pour supprimer les moustiques, vecteurs de maladie ?

La partie suivante traite de la santé humaine. Cette nouvelle technique donnera-t-elle un nouvel essor à la thérapie génique ? Un succès obtenu sur une maladie du sang, la drépanocytose (anémie falciforme), le laisse espérer. Là encore, la simplicité de la méthode et l'inventivité des chercheurs produisent de nombreux projets très rapidement mis en œuvre, comme un test original du coronavirus, facile à généraliser.

Dans la troisième partie, la question posée est « Peut-on utiliser la technique pour modifier le patrimoine héréditaire ? » C'est la question de l'homme augmenté. La discussion tourne autour de l'affaire He Jiankui, un chercheur chinois qui a introduit une mutation dans l'ADN de deux jumelles pour les rendre résistantes au sida, établi chez leur père. Présentée dans un congrès en 2018, cette affaire a eu un retentissement mondial. L'irresponsabilité du chercheur a été unanimement condamnée, car la technique n'est pas actuellement assez sûre pour garantir l'absence d'effets secondaires. Les problèmes moraux sont importants, et Aline Richard Zivohlava les survole en les rapprochant de ceux qui, en 1975, avaient été évoqués par la communauté scientifique après les premières manipulations de l'ADN, aboutissant au moratoire d'Asilomar sur les manipulations génétiques. Dès 2015, les mêmes questions éthiques ont commencé à être soulevées par les chercheurs et les débats ne sont pas près de finir.

La lecture de ce livre ne sera facile ni pour le non-spécialiste, placé devant la complexité de la biologie moléculaire, ni pour le spécialiste qui, en l'absence d'une bibliographie, aura du mal à évaluer l'importance des données présentées. Par ailleurs, la multiplicité des travaux et opinions tient parfois du réquisitoire, alors que le sujet réclame l'objectivité la plus absolue. Cependant, cet ouvrage mérite de tels efforts car l'efficacité apportée par CRISPR dans la manipulation de l'hérédité nous promet beaucoup de surprises. ■

Jean-Pierre Henry

CUNGE Étienne
Symphonie atomique
Rennes : éditions Critic, octobre 2021, 428 p.

Comment sera le monde en 2050 si aucune mesure de grande ampleur n'est prise par les États pour limiter les effets du réchauffement climatique ? C'est ce scénario que dépeint Étienne Cunge dans *Symphonie atomique*, une fiction qui décrit l'une des voies possibles vers l'effondrement de notre civilisation. Étienne Cunge est biologiste de formation et expert du développement durable. Dans ses écrits, il explore les conséquences de la dégradation de l'environnement sur les individus et les sociétés.

Symphonie atomique décrit un futur proche dans lequel aucun accord sur le climat n'a été trouvé ou, tout du moins, appliqué. Aucune technique de géo-ingénierie viable n'a vu le jour pour améliorer le sort de la planète et chacun tente de survivre face aux conséquences du changement climatique.

Chaque chapitre du roman débute par une chronique de Radio Collapse, la radio de l'effondrement, qui décrit la situation désespérée d'un auditeur face au changement climatique. Cette radio est anonyme, intraçable et traduite en 23 langues, elle est diffusée partout dans le monde et son *jingle* est assez explicite : « Soyez éco-responsable, suicidez-vous. »

Dans les années 2050, l'équilibre des pouvoirs est assez précaire puisque subsistent, au niveau mondial, quatre grandes puissances atomiques aux idéologies diamétralement opposées : l'ultracapitalisme américain, l'écologisme européen, le nationalisme russe et le totalitarisme social chinois. Elles disposent chacune d'une station spatiale en orbite en mesure de faire feu sur n'importe quel territoire du globe. En parallèle, des pays comme l'Inde, auxquels on a refusé qu'ils deviennent des puissances nucléaires, ruminent leur relégation au rang de puissance annexe. Certains territoires se retrouvent aussi totalement abandonnés des grandes puissances, et contraints de survivre dans des conditions climatiques atroces, entraînant ainsi des soulèvements de populations, notamment en Asie centrale. Le lecteur suit l'un de ces soulèvements à travers les personnages du commandant Ashkat et d'Ulan Moltov, le chef de la rébellion kazakhe, qui souhaitent conquérir les territoires de Sibérie pour leur peuple en exil.

Dans le roman, on suit également la naissance d'une nation appelée Ziusudra, qui représente l'achèvement d'un projet fou intitulé *Surviving Tomorrow*, issu de l'imagination d'un milliardaire américain. Ziusudra est située en Alaska, c'est une sorte d'arche de Noé pour les ultrariches qui peuvent y réserver leur place pour le moment où l'effondrement aura effectivement lieu. Ce territoire fonctionne en circuit fermé, il est autosuffisant et étanche aux radiations, virus, bactéries, etc. Il dispose également d'un fichier ADN des différentes espèces animales qui pourraient y être réintroduites en cas d'extinction.

C'est le point de vue européen qui est le plus développé dans ce roman à travers les personnages de Juan et Agathe. Juan, trentenaire, est le sous-commandant de la station orbitale européenne Esperanza, qui croit aux valeurs humanistes et écologistes affichées par l'Europe en transition. Il est sans cesse tiraillé entre ses convictions et l'envie de protéger sa famille d'une guerre nucléaire. Agathe, 53 ans, est une *hacker* désabusée. Comme une partie de ses contemporains européens, elle est sans arrêt déchirée entre responsabilité sociale collective et aspiration individuelle, héritage de la politique européenne de culpabilisation des comportements matérialistes. Elle appartient également au mouvement « Fin de lignée » visant à renoncer à la procréation afin de ne pas peser davantage sur les ressources de la planète. Après avoir passé quelques années dans l'illégalité, Agathe rejoint, malgré tout, les services de renseignement européens dans l'espoir de pouvoir faire émerger un monde meilleur. Dans le roman, elle tentera de démasquer les véritables auteurs d'une attaque terroriste afin d'éviter le plus grand conflit de l'histoire de l'humanité.

Le lecteur suivra également les points de vue de Rob Callway, dirigeant de Ziusudra, et de personnages secondaires comme Olga Retchenko, qui est major dans la station orbitale russe, Daniela Stromic, présidente de l'Europe en transition, etc. La plupart des personnages du roman sont atteints de « solstalgie », le mal psychologique du siècle, successeur de la solastalgie. Alors que la solastalgie est une dépression due à la perspective de la destruction de son environnement, connu et aimé, la solstalgie quant à elle est une conséquence psychique de la rémanence d'un paradis perdu, perçu dans l'enfance, mythifié et dont on ignore tout mais qui vous manque malgré tout. Dans le roman, aucune région du globe n'est épargnée par cette nouvelle maladie mentale.

L'intrigue du roman se déroule dans les 48 heures suivant une attaque surprise de l'une des stations spatiales visant à déstabiliser le fragile équilibre géopolitique des puissances nucléaires, et décrit les réactions en chaîne qui découlent cette attaque.

Symphonie atomique est donc un roman qui dépeint un scénario ultradétaillé et très réaliste du monde, une génération plus tard qu'aujourd'hui. Si la thématique du changement climatique est présente tout au long de l'ouvrage, ce sont davantage les relations politiques, sociales et humaines qui sont au cœur de l'intrigue. Étienne Cunge décrit parfaitement à quoi pourrait ressembler l'organisation du monde si aucune mesure n'est prise afin de lutter contre le changement climatique. Par ailleurs, il faut aussi souligner que le roman est un *thriller* haletant dont on a du mal à se défaire avant d'être arrivé à la dernière page. Pour les lecteurs de *Futuribles* intéressés par ce genre de fiction, n'hésitez pas à lire également l'article de David Salas y Mélia, chercheur au Centre national de recherche météorologique, dans le numéro 444 de la revue, qui décrit un futur climatique en 2101 dans lequel le monde est parvenu à limiter le réchauffement climatique à moins de 2 °C, grâce à la mise en place d'une technique de géo-ingénierie spatiale [1]. ■

Laurie Grzesiak

1. SALAS Y MÉLIA David, « 2101, une rétrospective du climat. Le XXIe siècle revisité », *Futuribles*, n° 444, septembre-octobre 2021, p. 65-78.

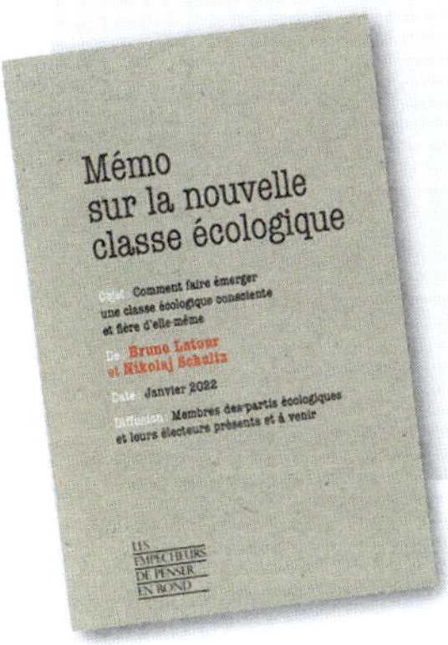

LATOUR Bruno / SCHULTZ Nikolaj

Mémo sur la nouvelle classe écologique Comment faire émerger une classe écologique consciente et fière d'elle-même

Paris : La Découverte (Les Empêcheurs de penser en rond), janvier 2022, 96 p.

Voici un livre qui devrait provoquer quelques remous dans le petit monde de l'écologie politique. La question posée sur la couverture « Comment faire émerger une classe écologique consciente et fière d'elle-même ? » en cache en fait une autre, nettement moins consensuelle : pourquoi l'écologie politique n'a-t-elle pas réussi à transformer une préoccupation majeure en force capable de gouverner ?

La réponse, posée d'entrée par les auteurs, est qu'elle n'a pas assez réfléchi. Pour combler cette lacune, elle pourrait utilement s'inspirer, ajoutent-ils, des approches qui ont permis aux deux grandes idéologies précédentes — le libéralisme et les socialismes — de s'imposer sur la scène politique ; et à leurs promoteurs de gagner « la lutte pour les idées bien avant de pouvoir traduire leurs avancées dans les partis et les élections ».

L'apport principal du livre tient dans la comparaison qu'il institue entre l'écologie et les idéologies précédentes. L'écologie a, sur les ces dernières, l'avantage d'être en phase avec le défi du siècle ; elle a en revanche le handicap d'une grande immaturité intellectuelle et culturelle. Elle se croit « arrivée », alors qu'elle n'est qu'au début du chemin. Elle croit que « le temps joue pour elle » et elle se trompe car ce sont plutôt, pour l'instant, les partis extrêmes et « illibéraux » qui occupent le vide laissé par l'affaissement des libéralismes et des socialismes. Elle n'a pas mesuré « les deux siècles nécessaires à l'invention de la "question sociale", de la "société", du "prolétariat" ou de la "valeur travail" ». Elle n'a pas assez travaillé. Elle ne s'est pas assez intéressée aux idées, aux arts et à la culture. Elle doit « imiter en cela les classes qui l'ont précédée, aussi bien les libéralismes que les socialismes, dans leur prétention à définir l'ensemble des sujets mobilisés par la culture ». Elle se complaît dans la marginalité et reste enfermée dans un « réflexe conditionné » de gauche. Or, « il est prudent de ne pas se précipiter pour affirmer que la classe écologique prolonge simplement les luttes "anticapitalistes" [...] c'est le grain de vérité qui se trouve dans le cliché "ni droite ni gauche" ».

Le livre, rédigé sous forme de « mémos » — 76 paragraphes d'une page environ —, ne cite aucun fait, aucun chiffre et ne convoque pratiquement aucun auteur de référence. Il tient sa force, qui est grande, d'une lucidité servie par un style particulièrement percutant.

Le texte n'est pas sans défauts : il n'échappe pas toujours aux codes de la *doxa* écolo-académique en vigueur ; il se contente parfois de postulats que l'on pourra juger rapides (« le système de production est devenu synonyme de système de destruction »). Mais en dépit de ces faiblesses, il éclaire de façon magistrale les défis que doit aujourd'hui relever l'écologie politique. Il réussit à imposer une évidence par la seule force de formules qui font mouche : « Le sens de l'Histoire ne tombe pas du ciel. [...], il faut le fabriquer, le diffuser, l'installer, le performer. » « La lutte des idées précède donc forcément de beaucoup le processus électoral. ». Citons aussi celle-ci, adressée cordialement aux « amis » écologistes : « Pour le moment, l'écologie politique a réussi l'exploit de paniquer les esprits et de les faire bailler d'ennui. »

Il y a du La Rochefoucauld chez Bruno Latour et Nicolaj Schultz. Même lucidité, mêmes postures un peu hautaines, même regard désabusé sur les comédies humaines et politiques.

Pour ne pas conclure sur une note trop pessimiste, les auteurs préfèrent laisser le mot de la fin à l'historien Paul Veyne : « Les grands bouleversements sont parfois aussi simples que le mouvement que fait un dormeur pour se retourner dans son lit. » ■

Jean Haëntjens

ACKERMAN Elliot / STAVRIDIS James
2034: A Novel of the Next World War
New York : Penguin Books, mars 2021, 320 p.

Dans *2034: A Novel of the Next World War,* l'amiral de la U.S. Navy et ancien commandant en chef de l'Organisation du traité de l'Atlantique Nord (OTAN) James Stavridis, et Elliot Ackerman, auteur et vétéran de guerre dans les marines, dépeignent l'escalade d'un conflit entre la Chine et les États-Unis engendrant une guerre mondiale nucléaire. Ce récit-fiction débute par deux incidents concomitants qui déclenchent un enchaînement de ripostes dégénérant en guerre mondiale. Le premier incident éclate lors d'une patrouille américaine en mer de Chine méridionale, considérée comme « eaux internationales » par Washington mais revendiquée en tant que territoire chinois. Une intervention du destroyer *John Paul Jones* sur le *Wén Rui* entraîne une riposte de la Chine qui coule le navire américain via le brouillage de leur technologie de défense.

Parallèlement, l'aviateur major Chris « Wedge » Michael survole le détroit d'Ormuz et perd le contrôle de son engin au-dessus de l'Iran. Dans les deux cas, l'infériorité technologique des États-Unis est mise en exergue. La dépendance des Américains à l'égard de leurs technologies et leur incapacité à se défendre en cas de cyberattaque conduisent la commandante du *John Paul Jones,* Sarah Hunt, rescapée du navire, à désormais exiger de ses escadrons, pour ses futures opérations, une capacité de défense « à l'aveugle », soit sans l'aide de cybertechnologie. Les deux auteurs américains cherchent ainsi à alerter sur la future domination de Pékin face à Washington en termes de cybertechnologies en 2034, un scénario qui semble effectivement plausible.

La description des rapports de puissance et les jeux d'alliances interétatiques constituent un point fort du roman. *2034* ne décrit pas seulement un conflit Chine / États-Unis, mais bien une guerre mondiale, impliquant d'autres superpuissances telles que la Russie, l'Inde et l'Iran en particulier. Ayant déjà récupéré des territoires de l'ancien bloc soviétique tels que l'Ukraine et la Géorgie, la Russie profite de l'escalade des tensions sino-américaines due à une frappe nucléaire pour envahir une partie de la Pologne, permettant ainsi de relier Kaliningrad à la Russie centrale. De son côté, l'Iran utilise diverses alliances avec les Russes et les Indiens pour contrer les États-Unis et maintenir son contrôle sur des zones stratégiques comme le détroit d'Ormuz. Enfin, l'Inde joue elle aussi un rôle décisif, notamment dans la médiation et la résolution du conflit sino-américain. Le rôle des zones d'influence stratégiques est aussi souligné, notamment à travers le conflit autour de Taiwan. La place — inexistante — de l'Europe dans le récit est un choix des auteurs qui mérite d'être questionné. Reflète-t-il la vision américaine de l'Europe sur la scène internationale ? Son déclin proche ? Quoi qu'il en soit, les auteurs semblent remettre largement en question la capacité des États européens à agir et étendre leur influence au niveau mondial.

Les histoires et les relations individuelles représentent un aspect majeur de la narration qu'il est intéressant de souligner. Les auteurs ont choisi de découper le récit en diverses histoires individuelles qui s'entremêlent au fil des rencontres. Le livre prend ainsi une forme romanesque facilement accessible au lecteur (anglophone cependant, le livre n'ayant pas encore été traduit en français), qui se plonge dans des rivalités et des affinités aussi bien politiques que personnelles. Ce choix permet aussi de souligner l'importance des décisions individuelles et des personnalités politiques sur la scène internationale, faisant ainsi un pas de côté par rapport aux théories traditionnelles des relations internationales qui écartent généralement le rôle de l'individu dans les relations internationales. À ce titre, le fait que la présidence des États-Unis soit assurée par une femme, élue aux couleurs du parti indépendant, n'est pas anodin. On peut y voir la marque de la volonté et nécessité, pour cette présidente, de ne pas décevoir et de ne pas laisser les États-Unis apparaître en position de faiblesse, quitte à prendre des décisions parfois dévastatrices.

Si ce roman prend parfois des airs de *blockbuster* apocalyptique, les connaissances techniques précises des auteurs sur le milieu militaire et les cybertechnologies, de par leur expérience dans ce domaine, rendent le scénario réaliste. La richesse des détails, loin d'être superflue, permet aux lecteurs de s'immerger dans un récit rendu tout à fait crédible. Finalement, ce récit-fiction témoigne de la nécessité d'utiliser la prospective stratégique pour essayer d'anticiper les potentiels risques géopolitiques et évaluer les faiblesses étatiques, et nous rappelle l'utilité de la science-fiction comme outil de prospective. Il apparaît comme une mise en garde des *leaders* politiques et des hauts cadres militaires — particulièrement américains — contre la probabilité élevée et la dangerosité d'une escalade des tensions pouvant résulter d'un incident imprévisible. ■

Jeanne Maurin-Bonini

futuribles
N° 447 • March-April 2022

Ecological Bifurcation and the Desirable Economy

Pierre Veltz

The series on the ecological and energy transition, begun in these columns in 2020, returns in this spring issue with, among others, this article by Pierre Veltz which stresses the breadth of the changes required. More than a transition, it is a 'bifurcation' that is needed and that bifurcation poses a challenge that is much more societal than technical. As Veltz reminds us, the technical solutions to meet the ecological challenge largely exist already; significant gains in energy efficiency are still possible, but given a number of reasons why these will fall short (such as the rebound effect, the non-sustainability of many goods, technology racing out of control etc.), the most effective key to achieving these is radically to change our ways of life. This bifurcation can only be achieved by opting for the path of voluntary simplicity: not only individually, but also — and, most importantly — collectively, systemically, in a manner orchestrated by the public authorities, so that the choices taking France toward the net zero emissions target are coherent, and the citizens, as socio-economic actors, see — and understand — the path being followed. This move toward what Pierre Vetz terms the 'desirable economy' therefore involves a form of structural voluntary simplicity based on a 'human-centred' economy, which does already exist at the micro level and is continuing to develop in local settings, but must now be envisaged at a higher level through coordination and orchestration by the 'machinery of state'.

Time for Decisions on the Energy Transition

Pierre Papon

In 2020, we at *Futuribles* began a series of articles devoted specifically to the ecological and energy transition. In recent months, a number of organizations have made public various studies aimed at fuelling the debate on reaching carbon neutrality by 2050, the target adopted by France (and the EU) in the fight against climate change. Pierre Papon has examined and compared the main publications proposing energy transition scenarios or action plans for France up to 2050 (from the French environmental and energy agency ADEME, the French electricity network RTE, NégaWatt and the Shift Project). In this article, he takes a look at the lessons to be drawn from them, thus completing the series launched in 2020.

In all cases, the roadmap that emerges is an unambiguous one: new ways of living must be promoted to reduce French energy consumption substantially. This involves primarily a change to eating habits, renovating and converting housing stock, and encouraging new modes of transport. In pursuit of these goals, the energy choices differ across the various scenarios but, as Pierre Papon shows, the contribution to be made by electricity increases in each, its production being based on what is itself a substantial rise in the part played by renewables, the question of the use of nuclear energy being more controversial in the analyses; several different sets of figures are put forward on this. There is also an emphasis on the de-carbonization of industry and agriculture and a range of estimates are advanced on the potential impact on employment of the future transformations. Nevertheless, as Pierre Papon reminds us, the energy transition and the scenarios proposed for supporting it still depend on many unknowns, particularly with regard to technology. And from the social point of view, given the time horizons, the inertia that pertains in the sectors concerned (housing, transport etc.) and in our ways of life, and the necessary costs and investments, there is an urgent need for wide consultation with citizens and detailed planning of the policies that are actually meant to bring about this essential transition.

Leading Companies' Innovation Strategies

Perspectives to 2030 and as far as 2050

Marc Giget

While the pandemic has flared up again in late 2021, causing renewed difficulties for many companies faced with new constraints (transport, working conditions, absenteeism etc.), standing back a little from short-term management and examining the focus of companies' longer-term strategies can bring a breath of fresh air. This is what Marc Giget proposes here. Drawing on various international studies, he outlines the main preoccupations and strategic aims of the world-leading companies in innovation, not only today but also looking further into the future — to 2030 or even 2050.

Though their technical and financial aims have not disappeared (investment in R&D, scientific and technical cooperation etc.), it is noticeable that more social and environmental concerns are making themselves felt in the long term: upgrading employees, passing on knowledge, harmonious relations with society etc. Marc Giget also stresses the desire for a long-range rather than a merely short-term strategic vision, for handing on the company's values and knowledge to younger generations, and the emphasis on relations of trust with clients and suppliers. Lastly, he presents the new orientations and 10 key future lines of development that emerge from the innovation strategies of Europe's leading companies, in which achieving carbon neutrality and the UN's sustainable development objectives have an increasingly prominent place.

Fishing and Marine Ecosystems: Two Scenarios

Didier Gascuel

The closing months of 2021 saw a significant level of conflict between France and the UK over post-Brexit fishing arrangements in the waters between their territories. It was clear that access to fishing stocks represented a strategic concern for the parties concerned. It must be admitted that, in a context of climate change and decades of ill-considered fishing practices, the fishing sector finds itself facing significant change.

Didier Gascuel shows this here as part of the series devoted to the sea and oceans begun in our columns in summer 2020.

After reviewing past trends (characterized by increasing over-exploitation of marine ecosystems and resources), he shows how things have changed in recent years, when it has been possible to better manage and regulate fishing activity. But although over-exploitation is currently held in check, there is still no eco-systemic approach to make marine environments genuinely resilient. Can there be one? Looking toward a horizon of 2050, Didier Gascuel proposes two scenarios for fishing and marine ecosystems in this article. The first of these (the worst-case scenario) takes us back to a situation of generalized over-fishing, without meaningful oversight tools or socio-political involvement to regulate it, the whole situation being further aggravated by climate change. The second — more virtuous — scenario is that of 'pesco-ecology' in which, as in agro-ecology, the sector undertakes to manage fishing and marine resources in synergy with ecological and environmental needs. This scenario, by far the most desirable in terms of preserving fishing stocks (and, in the longer term, our own ecosystem), demands a high level of political and social mobilization at the global level. Yet it can become a reality, particularly if seized upon by the European Union.

Aquaculture and Biodiversity to 2050

Philippe Goulletquer and Denis Lacroix

In an article in our series on the seas and oceans published in May 2021, Sébastien Abis and Cyrille Coutansais shone a spotlight on the French aquaculture sector, stressing both the challenges that confronted it in the context of trade globalization and also the advantages it presented for boosting the French agricultural sector and improving the country's food security.

To complete this series, Philippe Goulletquer and Denis Lacroix now expand the analysis of aquaculture to the global level. They stress the extent to which the sector faces a range of challenges, among them a rising demand for seafood products in response to demographic growth, a global biodiversity crisis and planet-wide changes that include the effects of climate disruption. At the same time, it does not seem that we are currently on course to meet the international biodiversity objectives we have set ourselves: wide-ranging changes are needed in many sectors of production to achieve this. And the Covid crisis has revealed the low resilience of globalized production systems and shown why it might be advantageous to repatriate some production. Though aquaculture still has important environmental problems to resolve before it is sustainable, it has some competitive advantages by comparison with other animal products that ought to enable it to confront the food security challenge in the period to 2050. The authors propose various scenarios here, including an increase, on a trend basis, of 44% in global aquaculture production. All these scenarios will require political choices — given that conservation and sustainable-farming approaches can rarely be fully reconciled — and the public will need to be provided with honest information, while biodiversity is prioritized as both a universal common good and a source of future solutions.

Towards a Post-Brexit Foresight

Derek Martin and Jean-François Drevet

It was on 31 January 2020 that the United Kingdom's Withdrawal Agreement from the European Union was signed, followed, after difficult negotiations, by an agreement of 30 December 2020 specifying the arrangements for co-operation between the EU and the UK. This Trade and Cooperation Agreement came into force on a permanent basis in May 2021, marking Britain's official exit. But things are far from being settled (as has been evident in the area of fisheries or Northern Ireland), and the question of future prospects, both for the UK as a country going it alone on the international stage and its relations with the EU, remains largely open, both in trade/economic terms and at the diplomatic level.

Derek Martin and Jean-François Drevet attempt to provide some answers to these questions and to cast light on the post-Brexit future on both sides of the Channel. How do relations stand between London and Brussels? Might they remain lastingly 'acrimonious'? Will the UK withstand the tensions generated by Brexit among the Celtic nations? Can it recover its major international standing? Two scenarios are proposed: the (probably illusory) advent of a 'Global Britain' and the 'return of the prodigal son' to the EU (though on what conditions?). In either case, the point is to anticipate what the post-Brexit period could lead to in the medium-to-long term, and for both parties — the UK and the EU — to equip themselves with appropriate strategies.

Angela Merkel's European Orphans?

Jean-François Drevet

After 16 years at the head of Europe's most economically powerful nation, Angela Merkel departed the German chancellery at the end of 2021, leaving the European Union, in the view of some commentators, virtually orphaned. But is this really the case? Might her exit not provide an opportunity to relaunch some different strands of European policy? As Jean-François Drevet sees it, a number of signs given out by the new ruling coalition in Germany (of Social-Democrats, Greens and Liberals) seem to point to such a development. This is particularly the case with respect to institutional advance (perhaps towards a federal Europe) or the possible stiffening of its foreign policy to tackle Europe's autocratic neighbours (particularly Russia and Turkey) with more than merely economic responses, such a move perhaps also heralding a revival of the Franco-German partnership. All in all, thanks to this passing of the baton in Berlin a new era might emerge, potentially aided by the French presidency of the EU and the future clarification of relations with the post-Brexit UK. ■

Futuribles is a bimonthly independent transdisciplinary policy oriented journal (6 issues a year), also available in electronic form on the Futuribles website.

Chief Editor: Hugues de Jouvenel

Futuribles • 47, rue de Babylone, 75007 Paris, France • Tel. +33 (0)1 53 63 37 70
E-mail revue@futuribles.com • Website www.futuribles.com